“孪生质数猜想”的证明与奇合数公式，质数和孪生质数分布

刘佛清 ◎ 著

西安地图出版社

图书在版编目（CIP）数据

“孪生质数猜想”的证明与奇合数公式，质数和孪生质数分布 / 刘佛清著. -- 西安 : 西安地图出版社, 2022.3

ISBN 978-7-5556-0727-4

Ⅰ. ①孪… Ⅱ. ①刘… Ⅲ. ①质数 - 研究 Ⅳ. ①O122

中国版本图书馆 CIP 数据核字 (2021) 第 189319 号

著作人及著作方式：刘佛清 著
责任编辑：张 鸿 侯婵婵

书　　名	“孪生质数猜想”的证明与奇合数公式，质数和孪生质数分布
出版发行	西安地图出版社
地址邮编	西安市友谊东路 334 号　710054
印　　刷	湖北金港彩印有限公司
开　　本	787 mm × 1092 mm　1/16
印　　张	16.75
字　　数	221 千字
版　　次	2022 年 3 月第 1 版　2022 年 3 月第 1 次印刷
书　　号	ISBN 978-7-5556-0727-4
定　　价	218.00 元

内容提要

本书以全新视角看“质数”和“孪生质数”，依托自然数的基本性质，构建新的理论，证明了“孪生质数是无穷的”，得到了形简、易验证的多个有关数论的定理：“孪生质数分布定理”“质数分布定理”“奇合数公式”“奇合数列通项公式”“质数和孪生质数个数上下限的分布定理”等。

书中给出了在计算机中输入公式，快速判定数性、求质数、求孪生质数、分解大数的方法，以此激发人们学习数论的兴趣。

这里没有涉及经典数论中深奥的专业知识，没有抽象晦涩的表述和复杂的式子，是一本理工学生和数学教师都能看得懂的数论专著，也是激发数论专业工作者创新灵感的参考书。

前 言

两千三百多年前，古希腊数学家欧几里得用反证法证明了质数有无穷多个后，又提出了“存在无穷多对孪生质数”的猜想。1849 年，法国数学家波利尼西亚克，也提出了同样的猜想，此后，孪生质数猜想：“自然数中，孪生质数对有无穷多个”，成为数论中著名的三大猜想之一。古今中外的无数数学工作者为之着迷，并做了大量的研究工作，这个猜想至今快二百年，一直困扰着数学家，许多人为证明这一猜想毕其一生都在探究，虽然最终都未能如愿，但他们为后人的研究积累了十分珍贵的经验，留下了宝贵的精神财富。

1966 年，中国数学家陈景润证明了存在无穷多个质数 p，使得 $p+2$ 或是质数，或是两个质数的乘积。美国的华裔数学家张益唐，证明了存在无穷多个差值小于 7000 万的质数对。近几年，许多中外数学家，一直为缩小这个差值而努力，据报道，目前最好的结果是差值为 246，这与猜想中的差值为 2 仍有较大距离。

毫无疑问，证明孪生质数猜想是世界级难题，前辈们的经验告诉我们，如果无理论上的创新、对孪生质数分布规律的认识没有新的突破，只是在经典的方法和技巧上打转，证明孪生质数猜想是不可能的。

笔者在职时，常为学生作有关数学内容与方法的讲座，讲座中最常涉及的例子为数论中的著名猜想，其中就有“孪生质数猜想”。鉴于当时繁重的教学和行政工作，虽对“猜想”有些新的理解，但无暇系统研究。退休后，喜逢祖国盛世时代，国家力挺科研、鼓励创新，基础理论研究得到空前重视，生活上不用为五斗米操劳，可以心无旁骛地系统思考“猜想”。经十余年千百遍的反复推敲、演算、修改，天不负我，天佑中华，终于完成了“孪生质数猜想”的证明，遂了初心。

感谢这伟大的新时代和党的培养，谨以此书献给祖国母亲，庆祝中国共产党一百周年华诞。

有两点在此必须说明：一是书中的许多概念，因没有现成的名称，为叙述方便而自命名，此命名不一定准确和恰当，敬请指正。二是限于作者的精力、条件和视力，书中的海量数据均为一人自算自抄，历经十多年反复抄写，难免存在错漏，敬请读者指正。

刘佛清

2020 年 11 月 28 日

目 录

1 奇数列中的孪生质数 …… 1

§1.1 拟孪生质数与拟孪生质数数列对 …… 1

§1.2 孪生质数的统一式 …… 22

§1.3 孪生质数 $A\pm 1$ 的数列对 …… 25

§1.4 区间 $[a, a+210)$ 中的孪生质数 …… 36

2 大于 7 的孪生质数对之积 …… 40

§2.1 数列 $210n+29$ 中的孪生质数之积 …… 40

§2.2 数列 $210n+59$ 中的孪生质数之积 …… 45

§2.3 数列 $210n+83$ 中的孪生质数之积 …… 50

§2.4 数列 $210n+113$ 中的孪生质数之积 …… 55

§2.5 数列 $210n+143$ 中的孪生质数之积 …… 63

§2.6 数列 $210n+209$ 中的孪生质数之积 …… 71

3 "孪生质数猜想"的证明 …… 75

§3.1 相邻奇数对与座位原则 …… 75

§3.2 孪生质数分布定理（*CLZ* 分布定理） …… 79

§3.3 区间 $[1, (2a+1)^2]$ 内的孪生质数 …… 89

§3.4 区间 $[(2x+1)^2, (2y+1)^2]$ 内的孪生质数 …… 94

4　奇数列中的合数公式与质数、孪生质数的分布........................103
§4.1　奇合数公式与奇合数列通项公式........................103
§4.2　用奇合数列通项公式求质数和孪生质数........................112
§4.3　求区间［$(2x+1)^2$，$(2y+1)^2$］中的质数和孪生质数........121
§4.4　质数和孪生质数个数的上下限分布定理........................141

5　孪生质数的判定........................155
§5.1　孪生质数的充要条件........................155
§5.2　孪生质数的必要条件........................163
§5.3　拟孪生质数数列对中的孪生质数的判定........................166

6　在计算机中输入公式求质数和孪生质数........................191
§6.1　用奇合数公式求出质数和孪生质数........................191
§6.2　用自然数质数因数判定公式 *CLZY*Δ(*N.y*)
求质数和孪生质数........................207

7　孪生质数分类表........................223
§7.1　数列对 $210m+12\pm1$ 中的孪生质数........................224
§7.2　数列对 $210m+18\pm1$ 中的孪生质数........................226
§7.3　数列对 $210m+30\pm1$ 中的孪生质数........................228
§7.4　数列对 $210m+42\pm1$ 中的孪生质数........................230
§7.5　数列对 $210m+60\pm1$ 中的孪生质数........................232
§7.6　数列对 $210m+72\pm1$ 中的孪生质数........................234
§7.7　数列对 $210m+102\pm1$ 中的孪生质数........................236

§7.8 数列对 $210m+108\pm1$ 中的孪生质数 238
§7.9 数列对 $210m+138\pm1$ 中的孪生质数 240
§7.10 数列对 $210m+150\pm1$ 中的孪生质数 242
§7.11 数列对 $210m+168\pm1$ 中的孪生质数 244
§7.12 数列对 $210m+180\pm1$ 中的孪生质数 246
§7.13 数列对 $210m+192\pm1$ 中的孪生质数 248
§7.14 数列对 $210m+198\pm1$ 中的孪生质数 250
§7.15 数列对 $210m+210\pm1$ 中的孪生质数 252

参考文献 255

1 奇数列中的孪生质数

§1.1 拟孪生质数与拟孪生质数数列对

质数又称素数，它是一个除了能被 1 和自身整除外，不能被别的整数整除的正整数。因此，偶数中除了 2，其他偶数都不是质数，可见自然数中的质数，除了 2 都是奇数。

定义： 若 p 和（p+2）都是质数，则 p 和（p+2）一对数称为一个孪生质数。

如：（3，5），（5，7），（11，13），（17，19），（29，31）；…。

本书除了（3，5）和（5，7）两个孪生质数， 其余的孪生质数统称为大于 7 的孪生质数。

有参考书，将两个差值为 2 的质数组成的一对数，定义为二生孪生质数，简称为孪生质数，除二生孪生质数，还定义了由 3 个质数组成的三生孪生质数和 4 个质数组成的四生孪生质数。

若 p，p+2，p+6 为三个质数，则 p，（p+2），（p+6) 称为一个三生孪生质数，例如下面的三个质数

（5，7，11），（11，13，17），

（17，19，23），（101，103，107）。

都是三生孪生质数。

若 p，p+2，p+6，p+8 为 4 个质数，则 p，（p+2），（p+6)，（p+8) 称为一个四生孪生质数。如下面的 4 个质数

（5，7，11，13），（11，13，17，19），

（101，103，107，109），（191，193，197，199）。

都是四生孪生质数。

本书讨论的孪生质数，均为二生孪生质数，简称为孪生质数。

依书［1］，大于 7 的质数，全都在下面的 48 个等差数列中（书［1］中称它们为“拟质数等差数列”）：

$$210m+k,\ m \geqslant 0,\ k \in F,\ (k=1 \text{ 时 } m \neq 0)$$

集合 F=

{1，11，13，17，19，23，29，31，37，

41，43，47，53，59，61，67，71，73，

79，83，89，97，101，103，107，109，

113，121，127，131，137，139，143，

149，151，157，163，167，169，173，

179，181，187，191，193，197，199，209。}

m 为非负整数，下面给予简要证明。

设 N 为任意给定的正整数，则它可表示为

$$N=210m+k,\ (\text{整数 } m \geqslant 0,\ k=1,\ 2,\ 3,\ \cdots,\ 209)$$

不难验证，当 k 为下列值时

$k=2t$，$t=1$，2，3，…，105，

$k=3t$，$t=1$，2，3，…，70，

$k=5t$，$t=1$，2，3，…，42，

$k=7t$，t=1，2，3，…，30，

对于任意正整数 m，N 都不可能是质数，仅当 $k \in F$，N 才有可能是质数，于是得定理：

定理 1.1.1 若 N 为大于 7 的质数，则必存在非负整数 m 和 k，使得

$$N=210m+k,$$

其中 $k \in F$。

依此定理，因集合 F 中的元素只有 48 个，故大于 7 的质数分布在 48 个等差数列中，这 48 个等差数列中的每个数列，既含有质数又含有合数，为叙述方便，下面都称它们为“拟质数等差数列”。

下面列出各拟质数等差数列所含有的部分质数：

拟质数等差数列 $210m+1$ 中的质数：

211，421，631，1051，1471，2311，2521，2731，
3361，3571，4201，4621，4831，5881，6091，6301，
7351，7561，8191，8821，9241，9661，9871，10501，
10711，11131，…

拟质数等差数列 $210m+11$ 中的质数：

11，431，641，1061，1481，1901，2111，2531，
2741，3371，3581，4001，4211，4421，5051，5261，
5471，6101，6311，6521，7151，8831，9041，9461，
10091，10301，…

拟质数等差数列 $210m+13$ 中的质数：

13，223，433，643，853，1063，1483，1693，2113，
2953，3163，3373，3583，3793，4003，4423，5683，
6733，7573，7993，8623，9043，9463，9663，10093，
10303，10513，…

拟质数等差数列 $210m+17$ 中的质数：

17，227，647，857，1277，1487，1697，1907，2957，
3167，3797，4007，4217，4637，5477，5897，6317，
6737，6947，7577，8627，8837，9257，9467，9677，

9887，…

拟质数等差数列 $210m+19$ 中的质数：

19，229，439，859，1069，1279，1489，1699，2539，2749，3169，4219，4639，5059，5479，5689，6529，6949，7159，7369，4489，8209，8419，8629，8839，9049，9679，10099，…

拟质数等差数列 $210m+23$ 中的质数：

23，233，443，653，1471，863，1283，1493，1913，2333，2543，2753，2963，3593，3803，4013，4643，5273，5483，5693，5903，6113，6323，7583，7793，8423，9473，10103，10313，…

拟质数等差数列 $210m+29$ 中的质数：

29，239，449，659，1289，1499，1709，2129，2339，2549，2969，3389，4019，4229，4349，5279，6329，6959，7589，8009，8219，8429，8849，9059，9479，9689，10529，…

拟质数等差数列 $210m+31$ 中的质数：

31，241，661，1291，2131，2341，2551，2971，3391，4441，4651，4861，5281，5701，6121，6961，7591，8011，8431，9901，10321，…

拟质数等差数列 $210m+37$ 中的质数：

37，457，877，1087，1297，2137，2347，2557，2767，3187，3607，4027，4447，4657，5077，6337，6547，6967，7177，8017，8647，9067，9277，9697，9907，10957，…

拟质数等差数列 $210m+41$ 中的质数：

41，251，461，881，1091，1301，1511，1721，1931，2141，2351，3191，3821，4241，4451，5081，5501，5711，6131，6551，6761，6971，8231，8861，9281，9491，10331，…

拟质数等差数列 $210m+43$ 中的质数：

43，463，673，883，1093，1303，1723，1933，2143，3613，3823，4243，4663，5503，5923，6133，6343，6553，6763，7393，7603，8233，8443，8863，9283，10333，…

拟质数等差数列 $210m+47$ 中的质数：

47，257，467，677，887，1097，1307，2357，2777，3407，3617，1157，4877，5087，5297，5507，5717，5927，6977，7187，7607，7817，8237，8447，8867，9497，10337，…

拟质数等差数列 $210m+53$ 中的质数：

53，263，683，1103，1523，1733，2153，3203，3413，3623，3833，4253，4463，4673，5303，6143，6353，6563，6983，7193，7823，8243，8663，9293，9923，10133，10343，…

拟质数等差数列 $210m+59$ 中的质数：

59，269，479，1109，1319，1949，2579，2789，2999，3209，4049，4259，4679，4889，5099，5309，5519，5939，6359，6569，6779，7829，8039，8249，8459，8669，9719，9929，10139，10559，…

拟质数等差数列 $210m+61$ 中的质数：

61，271，691，1321，1531，1741，1951，2161，2371，

2791，3001，3631，4051，4261，5101，5521，6151，6361，6571，6781，6991，7411，7621，8461，9091，9511，9721，9931，10141，…

拟质数等差数列 $210m+67$ 中的质数：

67，277，487，907，1117，1327，1747，2377，2797，3217，3637，3847，4057，5107，5527，5737，6367，6577，6997，7207，7417，8467，8677，8887，10357，10567，…

拟质数等差数列 $210m+71$ 中的质数：

71，281，491，701，911，2381，2591，2801，3011，3221，3851，4271，4481，4691，5531，5741，6581，6791，7211，7841，8681，9311，9521，9941，10151，…

拟质数等差数列 $210m+73$ 中的质数：

73，283，1123，1543，1753，2383，2593，2803，3433，3643，3853，4273，4483，4903，5113，5323，5743，5953，6163，6373，6793，7213，8053，8263，8893，9103，9733，…

拟质数等差数列 $210m+79$ 中的质数：

79，499，709，919，1129，1549，1759，2179，2389，3019，3229，4909，5119，5749，6379，7219，7639，8059，8269，8689，9109，9319，9739，9949，10159，10369，…

拟质数等差数列 $210m+83$ 中的质数：

83，293，503，1553，1973，2393，3023，3863，4073，4283，4493，4703，5333，6173，6803，7013，7433，

7643，7853，8273，8693，9323，9533，9743，10163，

10583，…

拟质数等差数列 $210m$+89 中的质数：

89，509，719，929，1559，1979，2399，2609，2819，

3449，3659，4079，4289，4919，6389，6599，7019，

7229，7649，8069，8699，9539，9749，10169，10589，…

拟质数等差数列 $210m$+97 中的质数：

97，307，727，937，1567，1777，1987，2617，3037，

3457，3877，4287，4507，5347，5557，6397，6607，

7027，7237，7867，8287，8707，9127，9337，9547，

9967，10177，10597，…

拟质数等差数列 $210m$+101 中的质数：

101，311，521，941，1151，1361，1571，2411，2621，

3041，3251，3461，3671，3881，4091，4721，4931，

5351，5981，7451，8081，8291，8501，9341，9551，

10181，10391，10501，…

拟质数等差数列 $210m$+103 中的质数：

103，313，523，733，1153，1783，1993，2203，2833，

3253，3463，3673，4093，4513，4723，4933，5563，

6823，7243，7873，8293，8713，8923，9133，9343，

9973，…

拟质数等差数列 $210m$+107 中的质数：

107，317，947，1367，1787，1997，2207，2417，2837，

3257，3467，3677，4517，4937，5147，5987，6197，

6827，7247，7457，7877，8087，8297，9137，9767，

10907，…

拟质数等差数列 210m+109 中的质数：

109，739，1579，1789，1999，3049，3259，3469，

3889，4099，4519，4729，6569，5779，6199，6619，

6829，7039，7459，7669，7879，8689，8719，8929，

9349，9769，10399，…

拟质数等差数列 210m+113 中的质数：

113，743，953，1163，1373，1583，2003，2213，

2423，2633，2843，4523，4733，4943，5153，5573，

5783，6203，6833，7043，7253，7463，7673，7883，

8093，8513，8933，10193，…

拟质数等差数列 210m+121 中的质数：

331，541，751，1171，1381，1801，2011，2221，

2851，3061，3271，3691，4111，4951，5581，5791，

6211，6421，6841，7681，8101，8311，8521，8731，

8941，9151，9781，…

拟质数等差数列 210m+127 中的质数：

127，337，547，757，967，1597，2017，2437，2647，

2857，3067，3697，3907，4327，4957，5167，6007，

6217，6427，6637，7057，7477，7687，8317，8527，

8737，9457，9787，10627，…

拟质数等差数列 210m+131 中的质数：

131，761，971，1181，1601，1811，2441，2861，

3491，3701，3911，4751，5171，5381，5591，5801，

6011，6221，7481，7691，7901，8111，8741，8951，

9161，9371，9791，10211，10531，…

拟质数等差数列 210m+137 中的质数：

137，347，557，977，1187，1607，2027，2237，2447，2657，3917，4127，4337，4547，3967，5387，5807，6857，7487，7907，8117，8537，8747，9377，9587，10007，10427，…

拟质数等差数列 210m+139 中的质数：

139，349，769，1399，1609，2029，2239，2659，3079，3499，3709，3919，4129，4339，4549，4759，4969，5179，6229，7069，7489，7699，8329，8539，10009，10429，10639，…

拟质数等差数列 210m+143 中的质数：

353，563，773，983，1193，1613，1823，2243，2663，3083，3923，4133，4973，5393，5813，6653，6863，7283，7703，8123，8543，8753，8963，9173，9803，10223，10433，…

拟质数等差数列 210m+149 中的质数：

149，359，569，1409，1619，2039，2459，2879，3089，3299，3719，3929，4139，4349，5189，5399，6029，6449，6659，6869，7079，7499，7919，8969，10859，11069，11279，11489，11699，11909，12119，12329，12539，…

拟质数等差数列 210m+151 中的质数：

151，571，991，1201，1621，1831，2251，2671，3301，3511，3931，4561，5821，6451，6661，6871，8761，8971，9181，9391，9601，9811，10651，10861，11071，11491，11701，12021，12651，12861，13071，…

拟质数等差数列 210m+157 中的质数：

157，367，577，787，997，1627，2467，2677，2887，3307，3517，3727，4357，4567，4987，5197，5407，5827，6037，6247，7297，7507，7717，7927，8347，9187，9397，9817，10657，…

拟质数等差数列 210m+163 中的质数：

163，373，1213，1423，2053，2473，2683，3313，3733，3943，4153，4363，4783，4993，5413，5623，6043，6673，6883，7723，7933，8353，8563，9403，9613，10243，10453，10663，…

拟质数等差数列 210m+167 中的质数：

167，587，797，1217，1427，1637，1847，2267，2477，2687，2897，3527，3947，4157，4787，5417，6047，6257，7307，7517，7727，7937，8147，10037，10247，10457，10667，…

拟质数等差数列 210m+169 中的质数：

379，1009，1429，2269，2689，3109，3319，3529，3739，4159，4789，4999，5209，5419，5839，6469，6679，7309，8779，9199，9619，9829，10039，10459，11299，11719，12979，…

拟质数等差数列 210m+173 中的质数：

173，383，593，1013，1223，1433，2063，2273，2693，2903，3323，3533，4373，4583，4793，5003，5843，6053，6253，6473，6893，7103，7523，8363，8573，8783；9203，9413，9623，9833，10253，…

拟质数等差数列 210m+179 中的质数：

179，389，599，809，1019，1229，1439，2069，2699，

2909，3119，3329，3539，4799，5009，5639，5849，
6269，6689，6899，7109，7529，8369，8999，9209，
9419，9629，9839，10259，…

拟质数等差数列 $210m+181$ 中的质数：

181，601，811，1021，1231，1861，2281，3121，
3331，3541，4591，4801，5011，5431，5641，5851，
6271，6481，6691，7321，7741，7951，8161，8581，
9001，9421，9631，…

拟质数等差数列 $210m+187$ 中的质数：

397，607，1237，1447，1657，1867，2287，2707，
2917，3547，3967，4177，4597，5227，5437，5647，
5857，6067，6277，6907，7537，8167，8377，9007，
10267，10477，10687，…

拟质数等差数列 $210m+191$ 中的质数：

191，401，821，1031，1451，1871，2081，3761，
4391，5021，5231，5441，5651，5861，6491，6701，
6911，7121，7331，7541，8171，9011，9221，9431，
9851，10061，10271，10691，…

拟质数等差数列 $210m+193$ 中的质数：

193，613，823，1033，1453，1663，1873，2083，
2293，2503，2713，3343，4603，4813，5023，5233，
5443，5653，6073，6703，7333，7753，7963，8803，
9013，9433，9643，10273，…

拟质数等差数列 $210m+197$ 中的质数：

197，617，827，1667，1877，2087，2297，2927，
3137，3347，3557，3767，4397，4817，5237，5657，

5867，6287，6917，7127，7547，7757，8387，8597，

8807，9227，9437，9857，10067，10487，…

拟质数等差数列 $210m+199$ 中的质数：

199，409，619，829，1039，1249，1459，1669，1879，

2089，2719，3769，5449，5659，5869，6079，6709，

7129，7549，7759，8179，8389，8599，9439，9649，

9859，10069，…

拟质数等差数列 $210m+209$ 中的质数：

419，839，1049，1259，1889，2099，2309，2729，

2939，3359，3779，3989，4409，5669，5879，6089，

6299，6719，7349，7559，8819，9029，9239，10079，

10289，10709，…

下面证明，任何一个孪生质数中的两个数，不能同在一个上述的等差数列中。

设 p 和 $p+2$ 是孪生质数，且 p 和 $p+2$ 是数列 $210m+k$ 中 $m=m_1$ 和 $m=m_2$ 的项，则由

$$(p+2)-p=(210m_2+k)-(210m_1+k),$$

得

$$2=210(m_2-m_1),$$

即

$$(m_2-m_1)=1\div 105,$$

因 m_1 和 m_2 都是非负整数，故不可能成立。

故孪生质数中的两个数，不能同在一个上述的等差数列中，因此孪生质数中的两个数，分别在上述的两个不同的等差数列中。

设 p 和 $p+2$ 是孪生质数，且 p 和 $p+2$ 分别是数列 $210m_1+k_1$ 和数列 $210m_2+k_2$ 的项，其中 k_1 和 k_2 是集合 F 中的元素。

由

$$(p+2)-p=(210m_2+k_2)-(210m_1+k_1)$$

得等式

$$2=210(m_2-m_1)+(k_2-k_1),$$

即有

$$-(m_2-m_1)=[(k_2-k_1)-2]\div 210。\cdots(1)$$

因 k_1 和 k_2 是集合 F 中的元素，且 $k_2 \neq k_1$

不难验证；

（1）当 $k_1=1$ 时，对于 F 集中的 k_2 且 $k_2 \neq k_1$

$k_2=11$，或 13，或 17，或 19，或 23，…，或 199，或 209，对任意正整数 m_2 和 m_1 等式（1）都不可能成立。

（2）当 $k_1=11$ 时，仅当 F 集中的 $k_2=13$ 及正整数 $m_2=m_1$ 时，此等式才可能成立（左右两边都等于 0）：于是得到一个孪生质数所在的数列对

$$210m+11 \text{ 和 } 210m+13。$$

（3）当 $k_1=13$ 时，对于 F 集中的 k_2 且 $k_2 \neq k_1$

$k_2=1$，或 11，或 17，或 19，或 23，…，或 199，或 209，及任意正整数 m_2 和 m_1 等式（1）都不可能成立。

（4）当 $k_1=17$ 时，仅当 F 集中的 $k_2=19$ 及正整数 $m_2=m_1$ 时，此等式才可能成立（左右两边都等于 0）：于是得到一个孪生质数所在的数列对

$$210m+17 \text{ 和 } 210m+19。$$

（5）当 $k_1=19$ 时，对于 F 集中的 k_2 且 $k_2 \neq k_1$

$k_2=1$，或 11，或 17，或 23，…，或 199，或 209，及任意正整数 m_2 和 m_1 等式（1）都不可能成立。

…

仿上述方法，k_1 依次取集合 F 中的元素，由等式成立条件再求出 k_2，就可求出此孪生质数对应的数列对。

综上所述得：

当 k_1=11 时，得 k_2=13，得到孪生质数所在的数列对是 210*m*+11 和 210*m*+13，

简记为 210*m*+12±1。

当 k_1=17 时，得 k_2=19，得到孪生质数所在的数列对 210*m*+17 和 210*m*+19，

简记为 210*m*+18±1。

当 k_1=29 时，得 k_2=31，得到孪生质数所在的数列对 210*m*+29 和 210*m*+31，

简记为 210*m*+30±1。

当 k_1=41 时，得 k_2=43，得到孪生质数所在的数列对 210*m*+41 和 210*m*+43，

简记为 210*m*+42±1。

当 k_1=59 时，得 k_2=61，得到孪生质数所在的数列对 210*m*+59 和 210*m*+61，

简记为 210*m*+60±1。

当 k_1=71 时，得 k_2=73，得到孪生质数所在的数列对 210*m*+71 和 210*m*+73，

简记为 210*m*+72±1。

当 k_1=101 时，得 k_2=103，得到孪生质数所在的数列对 210*m*+101 和 210*m*+103，

简记为 210*m*+102±1。

当 k_1=107 时，得 k_2=109，得到孪生质数所在的数列对 210*m*+107 和 210*m*+109，

简记为 210*m*+108±1。

当 k_1=137 时，得 k_2=139，得到孪生质数所在的数列对 210*m*+137 和

$210m+139$，

简记为 $210m+138\pm1$。

当 $k_1=149$ 时，得 $k_2=151$，得到孪生质数所在的数列对 $210m+149$ 和 $210m+151$，

简记为 $210m+150\pm1$。

当 $k_1=167$ 时，得 $k_2=169$，得到孪生质数所在的数列对 $210m+167$ 和 $210m+169$，

简记为 $210m+168\pm1$。

当 $k_1=179$ 时，得 $k_2=181$，得到孪生质数所在的数列对 $210m+179$ 和 $210m+181$，

简记为 $210m+180\pm1$。

当 $k_1=191$ 时，得 $k_2=193$，得到孪生质数所在的数列对 $210m+191$ 和 $210m+193$，

简记为 $210m+192\pm1$。

当 $k_1=197$ 时，得 $k_2=199$，得到孪生质数所在的数列对 $210m+197$ 和 $210m+199$，

简记为 $210m+198\pm1$。

当 $k_1=209$ 时，得 $m_2=m1+1$，得到孪生质数所在的数列对 $210m+209$ 和 $210m+211$，

简记为 $210(m+1)\pm1$。

于是得到定理 1.1.2。

定理 1.1.2 大于 7 的孪生质数，必在下面的十五对等差数列中：

（1）$210m+12\pm1=6(35m+2)\pm1$，

（2）$210m+18\pm1=6(35m+3)\pm1$，

（3）$210m+30\pm1=6(35m+5)\pm1$，

（4）$210m+42\pm1=6(35m+7)\pm1$，

（5）$210m+60\pm1=6(35m+10)\pm1$，

（6）$210m+72\pm1=6(35m+12)\pm1$，

（7）$210m+102\pm1=6(35m+17)\pm1$，

（8）$210m+108\pm1=6(35m+18)\pm1$，

（9）$210m+138\pm1=6(35m+23)\pm1$，

（10）$210m+150\pm1=6(35m+25)\pm1$，

（11）$210m+168\pm1=6(35m+28)\pm1$，

（12）$210m+180\pm1=6(35m+30)\pm1$，

（13）$210m+192\pm1=6(35m+32)\pm1$，

（14）$210m+198\pm1=6(35m+33)\pm1$，

（15）$210(m+1)\pm1=6(35m+35)\pm1$。

因大于 7 的孪生质数均在上述十五个等差数列对中，又因这些等差数列对中同时含有非孪生质数，为叙述方便，把这十五个等差数列对，称为拟孪生质数数列对，而其中的每一对未确定为孪生质数的都简称为拟孪生质数。为叙述方便，在不会引起误解的情况下，拟孪生质数数列对简称为“孪生质数的数列对”。

例如，在拟孪生质数数列对 $210m+12\pm1$ 中：当

m=0，2，3，5，7，10，16，17，19，21，43，45，48，49，54

时，得十五对孪生质数，它们分别是

（11，13），（431，433），（641，643），

（1061，1063），（1481，1483），（2111，2113），

（3371，1273），（3581，3583），（4001，4003），

（4421，4423），（9041，9043），（9461，9463），

（10091，10093），（10301，10303），（11351，11353）。

在拟孪生质数数列对 $210m+18\pm1$ 中，当

m=0，1，4，6，7，8，15，20，22，26，33，41，42，46，52 时，　得

十五对孪生质数，它们分别是

（17，19），（227，229），（857，859），

（1277，1279），（1487，1489），（1697，1699），

（3167，3169），（4217，4219），（4637，4639），

（5477，5479），（6947，6949），（8627，8629），

（8837，8839），（9677，9679），（10937，10939）。

在拟孪生质数数列对 $210m+30\pm1$ 中，当

m=0，1，3，6，10，11，12，14，16，22，25，33，36，38，39

时，得十五对孪生质数，它们分别是

（29，31），（239，241），（659，661），

（1289，1291），（2129，2131），（2339，2341），

（2549，2551），（2969，2971），（3389，3391），

（4649，4651），（5279，5281），（6959，6961），

（7589，7591），（8009，8011），（8219，8221）。

在拟孪生质数数列对 $210m+42\pm1$ 中，当

m=0，2，4，5，6，8，9，10，20，26，29，31，32，39，42

时，得十五对孪生质数，它们分别是

（41，43），（461，463），（881，883），

（1091，1093），（1301，1303），（1721，1723），

（1931，1933），（2141，2143），（4241，4243），

（5501，5503），（6131，6133），（6551，6553），

（6761，6763），（8231，8233），（8861，8863）。

在拟孪生质数数列对 $210m+60\pm1$ 中，当

m=0，1，6，9，13，14，19，20，24，26，30，31，32，46，47

时，得十五对孪生质数，它们分别是

（59，61），（269，271），（1319，1321），

（1949，1951），（2789，2791），（2999，3001），

（4049，4051），（4259，4261），（5099，5101），

（5519，5521），（6359，6361），（6569，6571），

（6779，6781），（9719，9721），（9929，9931）。

在拟孪生质数数列对 $210m+72\pm1$ 中，当

m=0，1，11，12，13，18，20，21，27，32，34，56，57，58，65

时，得十五对孪生质数，它们分别是

（71，73），（281，283），（2381，2383），

（2591，2593），（2801，2803），（3851，3853），

（4271，4273），（4481，4483），（5741，5743），

（6791，6793），（7211，7213），（11831，11833），

（12041，12043），（12251，12253），（13721，13723）。

在拟孪生质数数列对 $210m+102\pm1$ 中，当

m=0，1，2，5，15，16，17，19，22，23，39，44，57，69，74

时，得十五对孪生质数，它们分别是

（101，103），（311，313），（521，523），

（1151，1153），（3251，3253），（3461，3463），

（3671，3673），（4091，4093），（4721，4723），

（4931，4933），（8291，8293），（9341，9343），

（12071，12073），（14591，14593），（15641，15643）。

在拟孪生质数数列对 $210m+108\pm1$ 中，当

m=0，8，9，15，16，21，29，32，35，37，38，46，61，63，65

时，得十五对孪生质数，它们分别是

（107，109），（1787，1789），（1997，1999），

（3257，3259），（3467，3469），（4517，4519），

（6197，6199），（6827，6829），（7457，7459），

（7877，7879），（8087，8089），（9767，9769），

（12917，12919），（13337，13339），（13757，13759）。

在拟孪生质数数列对 $210m+138\pm1$ 中，当

m=0，1，7，9，10，12，18，19，20，21，23，35，40，47，49

时，得十五对孪生质数，它们分别是

（137，139），（347，349），（1607，1609），

（2027，2029），（2237，3239），（2657，2659），

（3917，3919），（4127，4129），（4337，4339），

（4547，4549），（4967，4969），（7487，7489），

（8537，8539），（10007，10009），（10427，10429）。

在拟孪生质数数列对 $210m+150\pm1$ 中，当

m=0，2，7，15，18，30，31，32，42，51，52，54，55，59，66

时，得十五对孪生质数，它们分别是

（149，151），（569，571），（1619，1621），

（3299，3301），（3929，3931），（6449，6451），

（6659，6661），（6869，6871），（8969，8971），

（10859，10861），（11069，11071），（11489，11491），

（11699，11701），（12539，12541），（14009，14011）。

在拟孪生质数数列对 $210m+168\pm1$ 中，当

m=6，10，12，16，19，22，25，34，47，49，55，63，68，70，72

时，得十五对孪生质数，它们分别是

（1427，1429），（2267，2269），（2687，2689），

（3527，3529），（4157，4159），（4787，4789），

（5417，5419），（7307，7309），（10037，10039），

（10457，10459），（11717，11719），（13397，13399），

（14447，14449），（14867，14869），（15287，15289）。

在拟孪生质数数列对 $210m+180\pm1$ 中，当

m=0，2，3，4，5，14，15，16，22，23，26，27，29，31，37

时，得十五对孪生质数，它们分别是

（179，181），（599，601），（809，811），

（1019，1021），（1229，1231），（3119，3121），

（3329，3331），（3539，3541），（4799，4801），

（5009，5011），（5639，5641），（5849，5851），

（6269，6271），（6689，6691），（7949，7951）。

在拟孪生质数数列对 $210m+192\pm1$ 中，当

m=0，3，4，6，8，9，23，24， 25，26，31，34，42，44，48

时，得十五个孪生质数，它们分别是

（191，193），（821，823），（1031，1033），

（1451，1453），（1871，1873），（2081，2083），

（5021，5023），（5231，5233），（5441，5443），

（5651，6653），（6701，6703），（7331，7333），

（9011，9013），（9431，9433），（10271，10273）。

在拟孪生质数数列对 $210m+198\pm1$ 中，当

m=0，2，3，7，8，9，17，26， 27，33，35，36，39，40，44

时，得十五对孪生质数，它们分别是

（197，199），（617，619），（827，829），

（1667，1669），（1877，1879），（2087，2089），

（3767，3769），（5657，5659），（5867，5869），

（7127，7129），（7547，7549），（7757，7759），

（8387，8389），（8597，8599），（9437，9439）。

在拟孪生质数数列对 $210m+210\pm1$ 中，当

m=1，4，10，12，15，27，28，29，34，35，41，43，49，50，54。

时，得十五对孪生质数，它们分别是

（419，421），（1049，1051），（2309，2311），

（2729，2731），（3359，3361），（5879.5881），

（6089，6091），（6299，6301），（7349，7351），

（7559，7561），（8819，8821），（9239，9241），

（10499，10501），（10709，10711），（11549，11551）。

§1.2 孪生质数的统一式

依定理 1.1.2，大于 7 的孪生质数，必为拟孪生质数。故若 $A\pm1$ 为大于 7 的孪生质数，则存在 m 和 p，使得

$$A\pm1=6(35m+p)\pm1,\ m\in N$$

其中 $p\in\{2,3,5,7,10,12,17,18,23,25,28,30,32,33,35\}$。

如果用符号 $A(m,p)$ 表示由 m 和 p 确定的孪生质数，则大于 7 的孪生质数，都可用符号 $A(m,p)$ 表示，故 $A(m,p)$ 为大于 7 的孪生质数统一式。依 p 只有 15 个，故大于 7 的孪生质数统一式只有下面的十五类：

$A(m,2)$；$A(m,3)$；$A(m,5)$；$A(m,7)$；$A(m,10)$；

$A(m,12)$；$A(m,17)$；$A(m,18)$；$A(m,23)$；$A(m,25)$；

$A(m,27)$；$A(m,30)$；$A(m,32)$；$A(m,33)$；$A(m,35)$。

例 1，用孪生质数统一式 $A(m,p)$，表示区间 [10，1000] 的孪生质数（共 33 个）。

（1）$A(m,2)$ 类中有三个孪生质数：$m=0$，2，3

$A(0,2)=12\pm1$，$A(2,2)=432\pm1$，$A(3,2)=642\pm1$。

（2）$A(m,3)$ 类中有三个孪生质数：$m=0$，1，4

$A(0,3)=18\pm1$，$A(1,3)=228\pm1$，$A(4,3)=858\pm1$。

（3）$A(m,5)$ 类中有三个孪生质数：$m=0$，1，3

$A(0,5)=30\pm1$，$A(1,5)=240\pm1$，$A(3,5)=660\pm1$。

（4）$A(m,7)$ 类中有三个孪生质数：$m=0$，2，4

$A(0,7)=42\pm1$，$A(2,7)=462\pm1$，$A(4,7)=882\pm1$。

（5）$A(m,10)$ 类中有 2 个孪生质数：$m=0$，1

$A(0，10)=60\pm1$，$A(1，10)=270\pm1$。

（6）$A(m，12)$ 类中有 2 个孪生质数：$m=0，1$

$A(0，72)=72\pm1$，$A(1，12)=282\pm1$。

（7）$A(m，17)$ 类中有三个孪生质数：$m=0，1，2$

$A(0，17)=102\pm1$，$A(1，17)=312\pm1$，$A(2，17)=522\pm1$。

（8）$A(m，18)$ 类中有一个孪生质数：$m=0$

$A(0，18)=108\pm1$

（9）$A(m，23)$ 类中有两个孪生质数：$m=0，1$

$A(0，23)=138\pm1$，$A(1，23)=348\pm1$。

（10）$A(m，25)$ 类中有两个孪生质数：$m=0，2$

$A(0，25)=150\pm1$，$A(2，25)=570\pm1$。

（11）$A(m，28)$ 类

在此区间无此类孪生质数。

（12）$A(m，30)$ 类中有三个孪生质数：$m=0，2，3$

$A(0，30)=180\pm1$，$A(2，30)=600\pm1$，$A(3，30)=810\pm1$。

（13）$A(m，32)$ 类中有两个孪生质数：$m=0，3$

$A(0，32)=192\pm1$，$A(3，32)=822\pm1$。

（14）$A(m，33)$ 类中有三个孪生质数：$m=0，2，3$

$A(0，33)=198\pm1$，$A(2，33)=618\pm1$，$A(3，33)=828\pm1$。

（15）$A(m，35)$ 类中有一个孪生质数：$m=1$

$A(1，35)=420\pm1$

例 2，用孪生质数统一式，表示下面孪生质数：

145512 ± 1，145548 ± 1，145602 ± 1，145680 ± 1，

145722 ± 1，145758 ± 1，145932 ± 1，145968 ± 1，

146010 ± 1，189252 ± 1，189348 ± 1，189389 ± 1，

189438 ± 1，189492 ± 1，193872 ± 1，193938 ± 1，

194070±1，194268±1。

解：

145512±1=A(692，32)，145548±1=A(693，3)，

145602±1=A(693，12)，145680±1=A(693，25)，

145722±1=A(693，32)，145758±1=A(694，3)，

145932±1=A(694，32)，145968±1=A(695，3)，

146010±1=A(695，10)，189252±1=A(901，7)，

189348±1=A(901，23)，189390±1=A(901，30)，

189438±1=A(902，3)，189492±1=A(902，12)，

193872±1=A(923，7)，193938±1=A(923，18)，

194070±1= A(923，5)，194268±1=A(925，3)。

依大于 7 的孪生质数统一式还可得到下面定理：

定理 1.2.1 若两数 A±1 为大于 7 的孪生质数，则 A 必为 2，3 两数整除。

定理 1.2.1 常用于孪生质数的判定。

§1.3 孪生质数 $A\pm1$ 的数列对

依定理 1.1.1，若 $A\pm1$ 为孪生质数，则存在正整数 m 和 a，使得

$$A\pm1=210m+6a\pm1。$$

$$其中 a\in p。$$

许多世界著名的大的孪生质数，表面上看不是这种拟孪生质数形式，但实际上是这种形式，即每个大于 7 的孪生质数，都是拟孪生质数数列对中的孪生质数。下面看几个例子。

例 1，求孪生质数 1000061087 与 1000061089 所在的拟孪生质数数列对。

解：不难验证

$$A-1=1000061087=210\times4762195+137,$$

$$A+1=1000061089=210\times4762195+139,$$

即

$$1000061088\pm1=210\times4762195+138\pm1。$$

故孪生质数 $A\pm1$ 在数列对 $210m+138\pm1$ 中。

例 2，求孪生质数 1000000009649 与 1000000009651 所在的拟孪生质数数列对。

解：不难验证

$$A-1=1000000009649=210\times4761904807+180-1,$$

$$A+1=1000000009651=210\times4761904807+180+1,$$

即

$$1000000009650\pm1=210\times4761904807+180\pm1。$$

故孪生质数 $A\pm1$ 在数列对 $210m+180\pm1$ 中。

例 3，数学家 *A. O. L.* 阿特金和 *N. W.* 里克特，得到当时所知的最大孪生质数：$1159142985\times2-1$ 和 $1159142985\times2+1$，下面求其所在的拟孪生质数数列对。

解：不难验证

$$A-1=1159142985\times2-1=2318285970-1$$

$$=210(11039456+1)-1$$

$$A+1=1159142985\times2+1=2318285970+1$$

$$=210(11039456+1)+1$$

故孪生质数 $1159142985\times2-1$ 和 $1159142985\times2+1$，是拟孪生质数 $210m+210\pm1$ 中，

$m=11039456$ 时的孪生质数，即有

$$A\pm1=1159142985\times2\pm1=210(11039456+1)\pm1。$$

例 4，1977 年发现的大孪生质数 $1159142985\times2^{2304}\pm1$，下面求其所在的拟孪生质数数列对。

解：不难验证

$$1159142985\times2^{2304}=2318285970\times2^{2303}$$

$$2318285970\times2^{2303}=210\times[(11039457\times2^{2303}-1)+1],$$

故可表为

$$1159142985\times2^{2304}\pm1$$

$$=210\times[(11039457\times2^{2303}-1)+1]\pm1,$$

即孪生质数 $1159142985\times2^{2304}\pm1$，是拟孪生质数数列对 $210m+210\pm1$ 中，

$$m=(11039457\times2^{2303}-1) \text{ 的孪生质数。}$$

例 5，1983 年发现的大孪生质数

$$520995090\times2^{6624}\pm1。$$

不难验证

$$520995090\times 2^{6624}=1041990180\times 2^{6623}$$

$$1041990180\times 2^{6623}=210\times[(4961858\times 2^{6623}-1)+1],$$

故可表为

$$520995090\times 2^{6624}\pm 1$$

$$=210\times[(4961858\times 2^{6623}-1)+1]\pm 1,$$

即孪生质数 $520995090\times 2^{6624}\pm 1$，是拟孪生质数数列对 $210(m+1)\pm 1$ 中

$m=(4961858\times 2^{6623}-1)$ 的孪生质数。

例 6，1990 年发现的大孪生质数 $571305\times 2^{7701}\pm 1$，是拟孪生质数数列对 $210m+210\pm 1=210(m+1)\pm 1$ 中的孪生质数。

不难验证

$$571305\times 2^{7701}=1142610\times 2^{7700},$$

$$1142610\times 2^{7700}=210\times[(5441\times 22700\ -1)+1],$$

故可表为

$$571305\times 2^{7701}\pm 1$$

$$=210\times[(5441\times 2^{2700}-1)+1]\pm 1,$$

即孪生质数 $571305\times 2^{7701}\pm 1$，是拟孪生质数数列对 $210m+210\pm 1$ 中

$m=(5441\times 2^{2700}-1)$ 的孪生质数。

例 7，2013 年，美国华人数学家张益唐，证明了差值为 7000 万的素数有无穷多后，应中国数学家邀请来华作报告，给了一个孪生质数：

$2003663613\times 2195000-1$ 和 $2003663613\times 2195000+1$。

下面求此孪生质数所在的数列对。

解：不难验证

$$A-1=2003663613\times 2195000-1$$

$$=210(95412553\times 21950)-1,$$

$$A+1=2003663613\times 2195000+1$$

$$=210(95412553\times 21950)+1,$$

故孪生质数 2003663613×2195000-1 和 2003663613×2195000+1 是公式 $210m+210\pm1$ 中 $m=(95412553\times21950)$ 时的孪生质数，即有

$$A\pm1=2003663613\times2195000\pm1$$

$$=210[(95412553\times219500-1)+1\pm1,$$

即孪生质数 2003663613×2195000±1，是拟孪生质数数列对 $210m+210\pm1$ 中，$m=(95412553\times219500-1)$ 的孪生质数。

依大于 7 的孪生质数统一式

$$A\pm1=210m+6p\pm1,\ m\in N,$$

得

$$A-1=210m+6p-1,\ m\in N,$$

$p\in\{2,3,5,7,10,12,17,18,23,25,28,30,32,33,35\}$。

（1）当 $p=2,7,12,17,32$ 时，$A-1$ 的个位数为 1，即

$A-1=210m+11$，或 $A-1=210m+41$，或 $A-1=210m+71$，

或 $A-1=210m+101$，或 $A-1=210m+191$。

且整数 m 为

$m=[(A-1)-11]\div210$，或 $m=[(A-1)-41]\div210$，

或 $m=[(A-1)-71]\div210$，或 $m=[(A-1)-101]\div210$，

或 $m=[(A-1)-191]\div210$，

（2）当 $p=3,18,23,28,33$ 时，$A-1$ 的个位数为 7，即

$A-1=210m+17$，或 $A-1=210m+107$，或 $A-1=210m+137$，

或 $A-1=210m+167$，或 $A-1=210m+197$，

且整数 m 为

$m=[(A-1)-17]\div210$，或 $m=[(A-1)-107]\div210$，

或 $m=[(A-1)-137]\div210$，或 $m=[(A-1)-167]\div210$，

或 $m=[(A-1)-197]\div210$，

（3）当 $p=5,10,25,30,35$ 时，$A-1$ 的个位数为 9，即

$A-1=210m+29$，或 $A-1=210m+59$，或 $A-1=210m+149$，

或 $A-1=210m+179$，或 $A-1=210m+209$，

且整数 m 为

$m=[(A-1)-29]\div210$，或 $m=[(A-1)-59]\div210$，

或 $m=[(A-1)-149]\div210$，或 $m=[(A-1)-179]\div210$，

或 $m=[(A-1)-209]\div210$，

于是得到求孪生质数 $A\pm1$ 所在数列对的方法。

定理 1.3.1 若两数 $A\pm1$ 为大于 7 的孪生质数，则 $A-1$ 的个位数必为 1，7，9 三者之一，且

（1）当个位数为 1 时，下面五个除式的商必有一个为非负整数，

$[(A-1)-11]\div210$，$[(A-1)-41]\div210$，$[(A-1)-71]\div210$，

$[(A-1)-101]\div210$，$[(A-1)-191]\div210$。

（2）当个位数为 7 时，下面五个除式的商必有一个为非负整数，

$[(A-1)-17]\div210$，$[(A-1)-107]\div210$，$[(A-1)-137]\div210$，

$[(A-1)-167]\div210$，$[(A-1)-197]\div210$。

（3）当个位数为 9 时，下面五个除式的商必有一个为非负整数，

$[(A-1)-29]\div210$，$[(A-1)-59]\div210$，$[(A-1)-149]\div210$，

$[(A-1)-179]\div210$，$[(A-1)-209]\div210$。

同理，得到一个求孪生质数 $A\pm1$ 所在数列对的方法。

定理 1.3.2 若两数 $A\pm1$ 为大于 7 的孪生质数，则 $A+1$ 的个位数必为 1，3，9 三者之一，且

（1）当个位数为 1 时，下面五个除式的商必有一个为非负整数，

$[(A+1)-31]\div210$，$[(A+1)-61]\div210$，$[(A+1)-151]\div210$，

$[(A+1)-181]\div210$，$[(A+1)-211]\div210$。

（2）当个位数为 3 时，下面五个除式的商必有一个为非负整数。

$[(A+1)-13]\div210$，$[(A+1)-43]\div210$，$[(A+1)-73]\div210$，

$[(A+1)-103]\div 210$，$[(A+1)-193]\div 210$。

（3）当个位数为 9 时，下面五个除式的商必有一个为非负整数，

$[(A+1)-19]\div 210$，$[(A+1)-109]\div 210$，$[(A+1)-139]\div 210$，

$[(A+1)-169]\div 210$，$[(A+1)-199]\div 210$。

例 1，求下列孪生质数的所在的数列对：

（1）$\{21491, 21493\}$，（2）$\{21521, 21523\}$，（3）$\{21557, 21559\}$，

（4）$\{21587, 21589\}$，（5）$\{22739, 22741\}$，（6）$\{22859, 22861\}$。

解：用定理 1.3.1

（1）$(A-1)=21491$，$(A-1)$ 的个位数为 1，在下面五个除式的商必有一个为非负整数。

$(21491-11)\div 210=102.2$

$(21491-41)\div 210=102.1$

$(21491-71)\div 210=102$

$(21491-101)\div 210=101.8$

$(21491-191)\div 210=101.4$

得 $m=102$，故孪生质数 $(21491, 21493)$ 所在的数列对是

$$\therefore A\pm 1=210m+71\pm 1。$$

（2）$(A-1)=21521$，$(A-1)$ 的个位数为 1，在下面五个除式的商必有一个为非负整数。

$(21521-11)\div 210=102.4$

$(21521-41)\div 210=102.2$

$(21521-71)\div 210=102.1$

$(21521-101)\div 210=102$

$(21521-191)\div 210=101.5$

得 $m=102$，故孪生质数 $(21491, 21493)$ 所在的数列对是

$$\therefore A\pm 1=210m+101\pm 1。$$

（3）$(A-1)=$ 21557，$A-1$ 的个位数为 7，在下面五个除式的商必有一个为非负整数。

$(21557-17)\div 210=102.5$

$(21557-107)\div 210=102.1$

$(21557-137)\div 210=102$

$(21557-167)\div 210=101.8$

$(21557-197)\div 210=101.7$

得 $m=102$，故孪生质数（21557, 21559）所在的数列对是

$$\therefore A\pm 1=210m+137\pm 1。$$

（4）$(A-1)=$ 21587，$(A-1)$ 的个位数为 7，在下面五个除式的商必有一个为非负整数。

$(21587-17)\div 210=102.7$

$(21587-107)\div 210=102.2$

$(21587-137)\div 210=102.1$

$(21587-167)\div 210=102$

$(221587-197)\div 210=101.8$

得 $m=102$，故孪生质数（21587, 21589）所在的数列对是

$$A\pm 1=210m+167\pm 1。$$

（5）$(A-1)=22739$，$(A-1)$ 的个位数为 9，在下面五个除式的商必有一个为非负整数。

$(22739-29)\div 210=108.1$

$(22739-59)\div 210=108$

$(22739-149)\div 210=107.5$

$(22739-179)\div 210=107.4$

$(22739-209)\div 210=107.2$

得 $m=108$，故孪生质数（22739, 22741）所在的数列对是

$A\pm1=210m+59\pm1$。

（6）(A-1)= 22859，A-1 的个位数为 9，在下面五个除式的商必有一个为非负整数。

(22859-29)÷210=108.7

(22859-59)÷210=108.5

(22859-149)÷210=108.14

(22859-179)÷210=108

(22859-209)÷210=107.8

得 m=108，故孪生质数 (22859,22861) 所在的数列对是

$A\pm1=210m+179\pm1$。

例 2，求下列孪生质数的所在的数列对：

（1）(2863308731，2863308733)，

（2）(1000061087，1000061089)，

（3）(100000000649，1000000009651)。

解：用定理 1.3.1

（1）(A-1)=2863308731，A-1 的个位数为 1，在下面五个除式的商必有一个为非负整数。

(2863308731-11)÷210=13634803.42

(2863308731-41)÷210=13634803.28

(2863308731-71)÷210=13634803.14

(2863308731-101)÷210=13634803

(2863308731-191)÷210=13634802.57

得 m=13634803，故孪生质数 (2863308731.2863308733) 所在的数列对是

$A\pm1=210m+102\pm1$。

（2）(A-1)=1000061087，A-1 的个位数为 7，在下面五个除式的商必有一个为非负整数。

(1000061087-17)÷210=4762195.57

(1000061087-107)÷210=4762195.14

(1000061087-137)÷210=4762195

(1000061087-167)÷210=4762194.85

(1000061087-197)÷210=4762194.71

得 m=4762195，故孪生质数（1000061087.1000061089）所在的数列对是

$$A\pm1=210m+138\pm1。$$

（3）(A-1)=100000000649，A-1 的个位数为 9，在下面五个除式的商必有一个为非负整数。

(100000000649-29)÷210=476190479.14

(100000000649-59)÷210=476190479

(100000000649-149)÷210=476190478.57

(100000000649-179)÷210=476190478.42

(100000000649-209)÷210=476190478.28

得 m=476190479，故孪生质数（100000000649.1000000000651）所在的数列对是

$$A\pm1=210m+60\pm1。$$

用定理 1.3.2 求下列孪生质数的所在的数列对。

例 1，求下列孪生质数的所在的数列对：

（1）{185681，185683}，（2）{185747,185749}，

（3）{185819，185821}，（4）{193379,193381}，

（5）{185957，185959}，（6）{186161,186163}。

解：用定理 1.3.2

（1）A+1=185683，个位数为3时，下面五个除式的商必有一个为非负整数。

（185683-13）÷210=884

（185683 -43）÷210=883.8

（185683 -73）÷210=883.7

（185683 -103）÷210=883.5

（185683 -193）÷210=883.1

得 m=884，故孪生质数 (185681, 185683) 所在的数列对是

$$A\pm1=210m+13\pm1。$$

(2) $A+1$=185749，个位数为 9 时，下面五个除式的商必有一个为非负整数。

（185749-19）÷210=884.4

（185749-109）÷210=884

（185749 -139）÷210=883.8

（185749 -169）÷210=883.7

（185749 -199）÷210=883.5

得 m=884，故孪生质数 (185747, 185749) 所在的数列对是

$$A\pm1=210m+109\pm1。$$

(3) $A+1$=185821，个位数为 1 时，下面五个除式的商必有一个为非负整数。

（185821-31）÷210=884.7

（185821-61）÷210=884.5

（185821-151）÷210=884.1

（185821 -181）÷210=884.

（185821 -211）÷210=883.8

得 m=884，故孪生质数 (185819, 185821) 所在的数列对是

$$A\pm1=210m+181\pm1。$$

(4) $A+1$=193381，个位数为 1 时，下面五个除式的商必有一个为非负整数。

（193381-31）÷210=920.7

（193381-61）÷210=920.5

（193381-151）÷210=920.1

（193381 -181）÷210=920

（193381-211）÷210=919.8

得 m=920，故孪生质数 (193379, 193381) 所在的数列对是

$$A\pm1=210m+181\pm1。$$

(5) A+1=185959，个位数为 9 时，下面五个除式的商必有一个为非负整数。

（185959-19）÷210=885.4

（185959-109）÷210=885

（185959 -139）÷210=884.8

（185959-169）÷210=884.7

（185959-199）÷210=884.5

得 m=885，故孪生质数 (185957, 185959) 所在的数列对是

$$A\pm1=210m+109\pm1。$$

(6) A+1=186163，个位数为 3 时，下面五个除式的商必有一个为非负整数。

（186163-13）÷210=886.4

（186163-43）÷210=886.2

（186163-73）÷210=886.1

（186163-103）÷210=886

（186163-193）÷210=885.5

得 m=886，故孪生质数 (186161, 186163) 所在的数列对是

$$A\pm1=210m+103\pm1。$$

§1.4 区间 $[a, a+210)$ 中的孪生质数

对任意正整数 a，区间 $[a, 210+a)$ 内共有连续的 210 个正整数，

依大于 7 的质数，是在下面的 48 个等差数列中

$210m+\mathrm{k}$，$m \in \mathrm{N}$，$k \in F$，($k=1$ 时 $m \neq 0$)，

集合

$F=\{1$，11，13，17，19，23，29，31，37，41，43，47，53，59，61，67，71，73，79，83，89，97，101，103，107，109，113，121，127，131，137，139，143，149，151，157，163，167，169，173，179，181，187，191，193，197，199，$209\}$。

因此，区间 $[a, 210+a)$ 内大于 7 的质数最多 48 个，当且仅当 $a=1$ 时，区间 $[a, 210+a)$ 内含 2、3、5、7 四个质数，故区间 $[a, 210+a)$ 内的质数最多 52 个质数。事实上，区间 $[a, 210+a)$ 内的质数只有 47 个，因此，区间 $[a, 210+a)$ 内质数最多 48 个，对任意正整数 A 都正确。

定理 1.4.1 在任意给定的连续的 210 个正整数中，最多有 48 个质数。

依大于 7 的孪生质数统一式

$$A\pm 1=210m+6p\pm 1，m \in \mathrm{N},$$

$p \in \{2$，3，5，7，10，12，17，18，23，25，28，30，32，33，$5\}$。

若 $210m+6p\pm 1$ 为区间 $[a, 210+a)$ 内的孪生质数，则区间 $[a, 210+A)$ 内大于 7 的孪生质数最多 15 个，而 $a=1$ 时，区间 $[a, 210+a)$ 内含 (3，5)，(5，7) 两个孪生质数，故区间 [1，210] 内的质数最多 17 个孪生质数。事实上，区间 [1，210] 内的孪生质数只有 15 个，因此，区间 $[a, 209+a]$ 内孪生质数最多 15 个，对任意正整数 A 都正确。

定理 1.4.2 在任意给定的连续的 210 个正整数中，最多有 15 个孪生质数。

例如：

a=1 得区间［1，210］内有连续的 210 个整数，其中孪生质数 15 个：

4±1、6±1、12±1、18±1、30±1、42±1、60±1、

72±1、102±1、108±1、138±1、150±1、180±1、

192±1、198±1。

不多于 15 个孪生质数，定理 1.4.2 正确。

a=211 得区间［211，421）内有连续的 210 个整数，其中孪生质数 7 个：

228±1、 240±1、 270±1、 282±1、312±1、

348±1、420±1。

不多于 15 个孪生质数，定理 1.4.2 正确。

a=421 得区间［421，631）内有连续的 210 个整数，其中孪生质数 6 个：

432±1、462±1、522±1、570±1、600±1、618±1

不多于 15 个孪生质数，定理 1.4.2 正确 。

a=631 得区间［631，841）内有连续的 210 个整数，

其中孪生质数 5 个：

642±1、660±1、810±1、822±1、828±1

不多于 15 个孪生质数，定理 1.4.2 正确。

a=841 得区间［841，1051）内有连续的 210 个整数，其中孪生质数 5 个：

858±1、882±1、1020±1、1032±1、1050±1

不多于 15 个孪生质数，定理 1.4.2 正确。

a=1051 得区间［1051，1261）内有连续的 210 个整数，其中孪生质数 4 个：

1062±1、1092±1、1152±1、1230±1

不多于 15 个孪生质数，定理 1.4.2 正确。

a=1261 得区间［1261，1471）内有连续的 210 个整数，其中孪生质数 6 个：

1278±1、1290±1、1302±1、1320±1、1428±1、1452±1、

不多于 15 个孪生质数，定理 1.4.2 正确。

a=1471 得区间［1471，1681）内有连续的 210 个整数，其中孪生质数 5 个：

1482±1、1488±1、1608±1、1620±1、1668±1

不多于 15 个孪生质数，定理 1.4.2 正确。

a=1681 得区间［1681，1891）内有连续的 210 个整数，其中孪生质数 5 个：

1698±1、 1722±1、 1788±1、 1872±1、 1878±1

不多于 15 个孪生质数，定理 1.4.2 正确。

a=1891 得区间［1891，2101）内有连续的 210 个整数，其中孪生质数 6 个：

1932±1、1950±1、1998±1、2028±1、2082±1、2088±1

不多于 15 个孪生质数，定理 1.4.2 正确。

a=2101 得区间［2101，2311）内有连续的 210 个整数，其中孪生质数 6 个：

2112±1、2130±1、2142±1、2238±1、2268±1、2310±1

不多于 15 个孪生质数，定理 1.4.2 正确。

定理 1.4.3 在任意给定的连续的 210 个正整数中，最多有 48 个质数，最多有 15 个孪生质数。

例如：

区间［1，211）内共有连续的210个整数，其中有质数47个，孪生质数15个。

区间［240，450）内共有连续的 210 个整数，其中有质数 35 个，孪生质数 6 个。

区间［500，710）内共有连续的 210 个整数，其中有质数 32 个，孪生质数 6 个。

区间［600，810）内共有连续的 210 个整数，其中有质数 31 个，孪生质数 3 个。

区间［1000，1210）内共有连续的 210 个整数，其中有质数 29 个，孪生质数 6 个。

区间［2000，2210）内共有连续的 210 个整数，其中有质数 26 个，孪生质数 5 个。

区间 [3000，3210) 内共有连续的 210 个整数，其中有质数 24 个，孪生质数 2 个。

区间 [4000，4210) 内共有连续的 210 个整数，其中有质数 25 个，孪生质数 6 个。

区间 [5000，5210) 内共有连续的 210 个整数，其中有质数 24 个，孪生质数 3 个

区间 [6000，6210) 内共有连续的 210 个整数，其中有质数 24 个，孪生质数 3 个。

区间 [7000，7210) 内共有连续的 210 个整数，其中有质数 20 个，孪生质数 1 个。

区间 [8000，8210) 内共有连续的 210 个整数，其中有质数 22 个，孪生质数 2 个。

区间 [9000，9210) 内共有连续的 210 个整数，其中有质数 25 个，孪生质数 2 个。

区间 [10000，10210) 内共有连续的 210 个整数，其中有质数 23 个，孪生质数 5 个。

区间 [40000，40210) 内共有连续的 210 个整数，其中有质数 20 个，孪生质数 3 个。

区间 [45000，45210) 内共有连续的 210 个整数，其中有质数 17 个，孪生质数 3 个。

区间 [49500，49710) 内共有连续的 210 个整数，其中有质数 18 个，孪生质数 3 个。

区间 [113779，113989) 内共有连续的 210 个整数，其中有质数 18 个，孪生质数 0 个。

由上述例子可看出孪生质数的分布极其复杂。

2 大于 7 的孪生质数对之积

§2.1 数列 $210n+29$ 中的孪生质数之积

下面求孪生质数：

$$210m+60\pm1 \text{ 和 } 210m+150\pm1$$

它们的两数之积，所在的数列。

由孪生质数

$$210m+60\pm1$$

得两孪生质数之积为

$$(210m+59)(210m+61)=210(210m^2+120m+17)+29,$$

由 m 为非负整数，得 $(210m^2+60m+17)$ 为非负整数。令

$$t=(210m^2+120m+17)$$

则孪生质数之积 $(210m+59)(210m+61)$，可以表为

$$210t+29$$

其中 t 为非负整数，故孪生质数

$$210m+60\pm1$$

之积 $(210m+59)(210m+61)$ 积，是数列

$$210t+29$$

中的合数项。

由孪生质数

$$210m+150\pm1$$

得两孪生质数之积为

$$(210m+149)(210m+151)=210(210m^2+300m+107)+29,$$

由 m 为非负整数，得 $(210m^2+300m+107)$ 为非负整数。令

$$t=(210m^2+300m+107)$$

则孪生质数之积 $(210m+149)(210m+151)$，可以表为

$$210t+29$$

其中 t 为非负整数，故孪生质数

$$210m+150\pm1$$

之积 $(210m+149)(210m+151)$ 积，是数列

$$210t+29$$

中的合数项。

由上述可得到定理，

定理 2.1.1 下面两个孪生质数：

$$210m+60\pm1 \text{ 和 } 210m+150\pm1$$

它们的两数之积，都是等差数列

$$a_n=210n+29,\ n=0,\ 1,\ 2,\ 3,\ \cdots$$

中的合数项。

例 1，证明，下面各孪生质数之积，都是等等差数列 $a_n=210n+29$ 中的合数项：

（1）1320±1，（2）1620±1，（3）2790±1，（4）3000±1，

（5）4050±1，（6）4260±1，（7）5520±1，（8）8970±1，

（9）5100±1，（10）6360±1，（11）6570±1，（12）6780±1。

证明：（1）由

$$1319\times1321=1742399=210\times8297+29,$$

可知孪生质数 1320±1 之积是等等差数列 $a_n=210n+29$ 中的合数项。

（2）由

$$1619\times1621=2624399=210\times12497+29,$$

可知孪生质数 1620±1 之积是等等差数列 $a_n=210n+29$ 中的合数项。

（3）由

$$2789\times2791=7784099=210\times37067+29,$$

可知孪生质数 2790±1 之积是等等差数列 $a_n=210n+29$ 中的合数项。

（4）由

$$2999\times3001=8999999=210\times42857+29,$$

可知孪生质数 3000±1 之积是等等差数列 $a_n=210n+29$ 中的合数项。

（5）由

$$4049\times4051=16402499=210\times78107+29,$$

可知孪生质数 4050±1 之积是等等差数列 $a_n=210n+29$ 中的合数项。

（6）由

$$4259\times4261=18147599=210\times86417+29,$$

可知孪生质数 4260±1 之积是等等差数列 $a_n=210n+29$ 中的合数项。

（7）由

$$5519\times5521=30470399=210\times145097+29,$$

可知孪生质数 5520±1 之积是等等差数列 $a_n=210n+29$ 中的合数项。

（8）由

$$8969\times8971=80460899=210\times383147+29,$$

可知孪生质数 8970±1 之积是等等差数列 $a_n=210n+29$ 中的合数项。

（9）由

$$5099\times5101=26009999=210\times123857+29,$$

可知孪生质数 5100±1 之积是等等差数列 $a_n=210n+29$ 中的合数项。

（10）由

$$6359\times6361=40449599=210\times192617+29,$$

可知孪生质数 6360±1 之积是等等差数列 a_n=210n+29 中的合数项。

（11）由

$$6569\times6571=43164899=210\times205547+29,$$

可知孪生质数 6570±1 之积是等等差数列 a_n=210n+29 中的合数项。

（12）由

$$6779\times6781=45968399=210\times218897+29,$$

可知孪生质数 6780±1 之积是等等差数列 a_n=210n+29 中的合数项。

依定理 2.1.1 得到：

推论 2.1.1 当等差数列 a_n=210n+29 中的项数 n 为 n=210m^2+300m+107，m=0，1，2，…时，则 a_n=210n+29 必为合数，若合数是两个质因数之积，则这两个质因数是孪生质数。

下面用

$$m=0，1，2，3，4$$

来验证推论 2.1.1。

m=0 时，则 n=210m^2 +300m+107=107，有

$$a_n= 210n+29=22499=149\times151,$$

a_n 是两个质因数 149 与 151 之积，故 149 与 151 为孪生质数。

m=1 时，则 n=210m^2+300m+107=617，有

$$a_n= 210n+29=129599=19\times19\times359,$$

a_n 是 3 个质因数 19，19 与 359 之积，故不为孪生质数。

m=2 时，则 n=210m^2+300m+107=1547，有

$$a_n=210n+29=324899=569\times571,$$

an 是两个质因数 569 与 571 之积，故 569 与 571 为孪生质数。

m=3 时，则 n=210m^2+300m+107=2897，有

$$a_n=210n+29=608399=11\times19\times41\times71,$$

a_n4 个质因数，故不为孪生质数。

m=4 时，则 $n=210m^2+300m+107=4667$，有

$$a_n=210n+29=980099=23\times43\times991,$$

a_n 是 3 个质因数 23，43 与 991 之积，故不为孪生质数。

推论 2.1.2 当等差数列 $a_n=210n+29$ 中的项数 n 为 $n=210m^2+120m+17$，m=0，1，2，…时，则 $a_n=210n+29$ 必为合数，若合数是两个质因数之积，则这两个质因数是孪生质数。

下面用

$$m=0，1，2，3，4$$

来验证推论 2.1.2。

m=0 时，则 $n=210m^2+120m+17=17$，有

$$a_n=210n+29=3599=59\times61,$$

a_n 是两个质因数 59 与 61 之积，故 59 与 61 为孪生质数。

m=1 时，则 $n=210m^2+120m+17=347$，有

$$a_n=210n+29=72899=269\times271,$$

a_n 是两个质因数 269 与 271 之积，故 269 与 271 为孪生质数。

m=2 时，则 $n=210m^2+120m+17=1097$，有

$$a_n=210n+29=230399=13\times37\times479,$$

a_n 是 3 个质因数 13，37 与 479 之积，故不为孪生质数。

m=3 时，则 $n=210m^2+120m+17=2267$，有

$$a_n=210n+29=476099=13\times53\times691,$$

a_n 是 3 个质因数 13，53 与 691 之积，故不为孪生质数。

m=4 时，则 $n=210m^2+120m+17=3857$，有

$$a_n=210n+29=809999=17\times29\times31\times53,$$

a_n 是 4 个质因数之积，故不为孪生质数。

§ 2.2 数列 $210n+59$ 中的孪生质数之积

下面求孪生质数数列：

$$210m+30\pm1 \text{ 和 } 210m+180\pm1$$

的两数之积，所在的数列。

由孪生质数

$$210m+30\pm1$$

得两孪生质数之积为

$$(210m+29)(210m+31)=210(210m^2+60m+4)+59,$$

由 m 为非负整数，得 $(210m^2+60m+4)$ 为非负整数。

$$\text{令 } t=(210m^2+60m+4)$$

则孪生质数之积 $(210m+59)(210m+61)$，可以表为

$$210t+59$$

其中 t 为非负整数，故孪生质数

$$210m+30\pm1$$

之积 $(210m+59)(210m+61)$ 积是数列

$$210t+59$$

中的合数项。

由孪生质数

$$210m+180\pm1$$

得两孪生质数之积为

$$(210m+179)(210m+181)=210(210m^2+360m+154)+59,$$

由 m 为非负整数，得 $(210m^2+360m+154)$ 为非负整数。令

$$t=(210m^2+360m+154)$$

则孪生质数之积 $(210m+179)(210m+181)$，可以表为

$$210t+59$$

其中 t 为非负整数，故孪生质数

$$210m+180\pm1$$

之积 $(210m+179)(210m+181)$ 积是数列

$$210t+59$$

中的合数项。

由上述可得到下面定理。

定理 2.2.1 下面两个孪生质数：

$$210m+30\pm1 \text{ 和 } 210m+180\pm1$$

它们的两数之积，都是等差数列

$$a_n=210n+59\text{，其中，}n=0,\ 1,\ 2,\ 3,\ \cdots$$

中的合数项。

例 1，证明，下面各孪生质数之积，都是等等差数列 $a_n=210n+59$ 中的合数项：

（1）1230±1，（2）2130±1，（3）2340±1，（4）2970±1，

（5）4020±1，（6）4230±1，（7）7590±1，（8）7950±1，

（9）5640±1，（10）5850±1，（11）6270±1，（12）6690±1。

证明：（1）由

$$1229\times1231=1512899=210\times7204+59$$

可知孪生质数 1230±1 之积是等等差数列 $a_n=210n+59$ 中的合数项。

（2）由

$$2129\times2131=4536899=210\times21604+59$$

可知孪生质数 2130±1 之积是等等差数列 $a_n=210n+59$ 中的合数项。

（3）由

$$2339\times2341=5475599=210\times26074+59$$

可知孪生质数 2340±1 之积是等等差数列 a_n=210n+59 中的合数项。

（4）由

$$2969\times2971=8820899=210\times42004+59$$

可知孪生质数 2970±1 之积是等等差数列 a_n=210n+59 中的合数项。

（5）由

$$4019\times4021=16160399=210\times76954+59$$

可知孪生质数 4020±1 之积是等等差数列 a_n=210n+59 中的合数项。

（6）由

$$4229\times4231=17892899=210\times85204+59$$

可知孪生质数 4230±1 之积是等等差数列 a_n=210n+59 中的合数项。

（7）由

$$7589\times7591=57608099=210\times274324+59$$

可知孪生质数 7590±1 之积是等等差数列 a_n=210n+59 中的合数项。

（8）由

$$7949\times7951=63202499=210\times300964+59$$

可知孪生质数 7950±1 之积是等等差数列 a_n=210n+59 中的合数项。

（9）由

$$5639\times5641=31809599=210\times151474+59$$

可知孪生质数 5640±1 之积是等等差数列 a_n=210n+59 中的合数项。

（10）由

$$5849\times5851=34222499=210\times192964+59$$

可知孪生质数 5850±1 之积是等等差数列 a_n=210n+59 中的合数项。

（11）由

$$6269\times6271=39312899=210\times187204+59$$

可知孪生质数 6270±1 之积是等等差数列 a_n=210n+59 中的合数项。

（12）由

$$6689\times6691=44756099=210\times213324+59$$

可知孪生质数 6690±1 之积是等等差数列 a_n=210n+59 中的合数项。

依定理 2.2.1 得到以下推论：

推论 2.2.1 当等差数列 a_n=210n+59 中的项数 n 为

n=210m_2+60m+4，其中，m=0，1，2，…时，则 a_n=210n+59 必为合数，若合数是两个质因数之积，则这两个质因数是孪生质数。

下面用

$$m=0，1，2，3，4$$

来验证推论 2.2.1。

m=0 时，则 n=210m^2+60m+4=4，有

$$a_n=210n+59=899=29\times31$$

a_n 是两个质因数 29 与 31 之积，故 29 与 31 为孪生质数。

m=1 时，则 n=210m^2+60m+4=274，有

$$a_n=210n+59=57599=239\times241$$

a_n 是两个质因数 239 与 241 之积，故 239 与 241 为孪生质数。

m=2 时，则 n=210m^2+60m+4=964，有

$$a_n=210n+59=202499=11\times41\times449$$

a_n 为合数，是 3 个质因数之积，故不为孪生质数。

m=3 时，则 n=210m^2+60m+4=2074，有

$$a_n=210n+59=435599=659\times661$$

a_n 是两个质因数 659 与 661 之积，故 659 与 661 为孪生质数。

m=4 时，则 n=210m^2+60m+4=3604，有

$$a_n=210n+59=756899=11\times13\times67\times79$$

a_n 为合数，是 4 个质因数之积，故不为孪生质数。

推论 2.2.2 当等差数列 $a_n=210n+59$ 中的项数 n 为

$n=210m^2+360m+154$，其中，$m=0$，1，2，…时，则 $a_n=210n+59$ 必为合数，若合数是两个质因数之积，则这两个质因数是孪生质数。

下面用

$$m=0，1，2，3，4$$

来验证推论 2. 2. 2。

$m=0$ 时，则 $n=210m^2+360m+154=154$，有

$$a_n=210n+59=32399=179\times181$$

a_n 是两个质因数 179 与 181 之积，故 179 与 181 为孪生质数。

$m=1$ 时，则 $n=210m^2+360m+154=724$，有

$$a_n=210n+59=152099=17\times23\times289$$

a_n 为合数，是 3 个质因数之积，故不为孪生质数。

$m=2$ 时，则 $n=210m^2+360m+154=1714$，有

$$a_n=210n+59=359999=17\times23\times289$$

a_n 是两个质因数 599 与 601 之积，故 599 与 601 为孪生质数。

$m=3$ 时，则 $n=210m^2+360m+154=3124$，有

$$a_n=210n+59=656099=809\times811$$

a_n 是两个质因数 809 与 811 之积，故 809 与 811 为孪生质数。

$m=4$ 时，则 $n=210m^2+360m+154=4954$，有

$$a_n=210n+59=1040399=1019\times1021$$

a_n 是两个质因数 1019 与 1021 之积，故 1019 与 1021 为孪生质数。

§2.3 数列 $210n+83$ 中的孪生质数之积

下面求孪生质数：

$$210m+42\pm1 \text{ 和 } 210m+168\pm1$$

它们的两数之积所在的数列。

由孪生质数

$$210m+42\pm1$$

得两孪生质数之积为

$$(210m+41)(210m+43)=210(210m^2+84m+8)+83$$

由 m 为非负整数，得 $(210m^2+84m+8)$ 为非负整数。

$$\text{令 } t=(210m^2+84m+8)$$

则孪生质数之积 $(210m+41)(210m+43)$，可以表为

$$210t+83$$

其中 t 为非负整数，故孪生质数

$$210m+42\pm1$$

之积 $(210m+41)(210m+43)$ 积，是数列

$$210t+83$$

中的合数项。

由孪生质数

$$210m+168\pm1$$

得两孪生质数之积为

$$(210m+167)(210m+169)=210(210m^2+336m+134)+83,$$

由 m 为非负整数，得 $(210m^2+336m+134)$ 为非负整数。

$$令\ t=(210m^2+336m+134)$$

则孪生质数之积 $(210m+167)(210m+169)$ 可以表为

$$210t+83$$

其中 t 为非负整数，故孪生质数

$$210m+168\pm1$$

之积 $(210m+167)(210m+169)$ 是数列

$$210t+83$$

中的合数项。

由上述可得到定理 2. 3. 1。

定理 2.3.1 下面两个孪生质数：

$$210m+42\pm1\ 和\ 210m+168\pm1$$

它们的两数之积，都是等差数列

$$a_n=210n+83，其中，n=0，1，2，3，\cdots$$

中的合数项。

例 1：证明，下面各孪生质数之积，都是等等差数列 $a_n=210n+83$ 中的合数项：

（1）1092±1，（2）1722±1，（3）2142±1，（4）4158±1，

（5）4242±1，（6）8232±1，（7）8862±1，（8）9282±1，

（9）6552±1，（10）6762±1，（11）8232 ±1，（12）10332±1。

证明：（1）由

$$1091\times1093=1192463=210\times5678+83$$

可知孪生质数 1092±1 之积是等等差数列 $a_n=210n+83$ 中的合数项。

（2）由

$$1721\times1723=2965283=210\times14120+83$$

可知孪生质数 1722±1 之积是等等差数列 $a_n=210n+83$ 中的合数项。

（3）由

$$2141\times2143=4588163=210\times21848+83$$

可知孪生质数 2142±1 之积是等等差数列 a_n=210n+83 中的合数项。

（4）由

$$4157\times4159=17288963=210\times82328+83$$

可知孪生质数 4158±1 之积是等等差数列 a_n=210n+83 中的合数项。

（5）由

$$4241\times4243=17994563=210\times85688+83$$

可知孪生质数 4242±1 之积是等等差数列 a_n=210n+83 中的合数项。

（6）由

$$8231\times8233=67765823=210\times322694+83$$

可知孪生质数 8232±1 之积是等等差数列 a_n=210n+83 中的合数项。

（7）由

$$8861\times8863=78535043=210\times373976+83$$

可知孪生质数 8862±1 之积是等等差数列 a_n=210n+83 中的合数项。

（8）由

$$9281\times9283=86155523=210\times410264+83$$

可知孪生质数 9282±1 之积是等等差数列 a_n=210n+83 中的合数项。

（9）由

$$6551\times6553=42928703=210\times204422+83$$

可知孪生质数 6552±1 之积是等等差数列 a_n=210n+83 中的合数项。

（10）由

$$6761\times6763=45724643=210\times217736+83$$

可知孪生质数 6762±1 之积是等等差数列 a_n=210n+83 中的合数项。

（11）由

$$8231\times8233=67765823=210\times322694+83$$

可知孪生质数 8232±1 之积是等等差数列 a_n=210n+83 中的合数项。

（12）由

$$10331\times10333=106750223=210\times508334+83$$

可知孪生质数 10332±1 之积是等等差数列 a_n=210n+83 中的合数项。

依定理 2.3.1 得到推论 2.3.1。

推论 2.3.1 当等差数列 a_n=210n+83 中的项数 n 为

n=210m^2+84m+8，其中，m=0，1，2，…时，则 a_n=210n+83 必为合数，若合数是两个质因数之积，则这两个质因数是孪生质数。

下面用

$$m=0，1，2，3，4$$

来验证推论 2.3.1。

m=0 时，则 n=210m^2+84m+8=8，有

$$a_n=210n+83=1763=41\times43$$

a_n 是 2 个质因数 41 和 43 之积，故 41 和 43 为孪生质数。

m=1 时，则 n=210m^2+84m+8=302，有

$$a_n=210n+83=63503=11\times23\times251$$

a_n 是合数，为 3 个质因数之积。

m=2 时，则 n=210m^2+84m+8=1016，有

$$a_n=210n+83=213443=461\times463$$

a_n 是 2 个质因数 461 和 463 之积，故 461 和 463 为孪生质数。

m=3 时，则 n=210m^2+84m+8=2150，有

$$a_n=210n+83=451583=11\times61\times673$$

a_n 是合数，为 3 个质因数之积。

m=4 时，则 n=210m^2+84m+8=3704，有

$$a_n=210n+83=777923=881\times883$$

a_n 是 2 个质因数 881 和 883 之积，故 881 和 883 为孪生质数。

推论 2.3.2 当等差数列 $a_n=210n+83$ 中的项数 n 为

$n=210m^2+336m+134$，其中，$m=0$，1，2，…时，则 $a_n=210n+83$ 必为合数，若合数是两个质因数之积，则这两个质因数是孪生质数。

下面用

$$m=0，1，2，3，4$$

来验证推论 2.3.2。

$m=0$ 时，则 $n=210m^2+336m+134=134$，有

$$a_n=210n+83=28223=167\times169$$

a_n 是 2 个质因数 167 和 169 之积，故 167 和 169 为孪生质数。

$m=1$ 时，则 $n=210m^2+336m+134=680$，有

$$a_n=210n+83=142883=13\times29\times379$$

a_n 是合数，3 个质因数之积。

$m=2$ 时，则 $n=210m^2+336m+134=1646$，有

$$a_n=210n+83=345743=19\times31\times587$$

a_n 是合数，3 个质因数之积。

$m=3$ 时，则 $n=210m^2+336m+134=3032$，有

$$a_n=210n+83=636803=17\times47\times797$$

a_n 是合数，3 个质因数之积。

$m=4$ 时，则 $n=210m^2+336m+134=4838$，有

$$a_n=210n+83=1016063=19\times53\times1009$$

a_n 是合数，3 个质因数之积。

§2.4 数列 $210n+113$ 中的孪生质数之积

下面求孪生质数：

$$210m+18\pm1 \text{ 和 } 210m+102\pm1$$

$$210m+108\pm1 \text{ 和 } 210m+192\pm1,$$

它们的两数之积所在的数列。

由孪生质数

$$210m+18\pm1$$

得两孪生质数之积为

$$(210m+17)(210m+19)=210(210m^2+36m+1)+113$$

由 m 为非负整数，得 $(210m^2+36m+1)$ 为非负整数。

$$\text{令 } t=(210m^2+36m+1)$$

则孪生质数之积 $(210m+17)(210m+19)$，可以表为

$$210t+113$$

其中 t 为非负整数，故孪生质数

$$210m+18\pm1$$

之积 $(210m+17)(210m+19)$ 是数列

$$210t+113$$

中的合数项。

由孪生质数

$$210m+102\pm1$$

得两孪生质数之积为

$$(210m+101)(210m+103)=210(210m^2+204m+49)+113$$

由 m 为非负整数得，$(210m^2+204m+49)$ 为非负整数。

$$令\ t=(210m^2+204m+49)$$

则孪生质数之积 $(210m+101)(210m+103)$，可以表为

$$210t+113$$

其中 t 为非负整数，故孪生质数

$$210m+102\pm1$$

之积 $(210m+101)(210m+103)$ 是数列

$$210t+113$$

中的合数项。

由孪生质数

$$210m+108\pm1$$

得两孪生质数之积为

$$(210m+107)(210m+109)=210(210m^2+216m+55)+113$$

由 m 为非负整数，得 $(210m^2+216m+55)$ 为非负整数。

$$令\ t=(210m^2+216m+55)$$

则孪生质数之积 $(210m+107)(210m+109)$，可以表为

$$210t+113$$

其中 t 为非负整数，故孪生质数

$$210m+108\pm1$$

之积 $(210m+107)(210m+109)$ 是数列

$$210t+113$$

中的合数项。

由孪生质数

$$210m+192\pm1$$

得两孪生质数之积为

$$(210m+191)(210m+193)=210(210m^2+384m+175)+113$$

由 m 为非负整数，得（$210m^2+384m+175$）为非负整数。

$$令\ t=(210m^2+384m+175)$$

则孪生质数之积（$210m+191$）（$210m+193$），可以表为

$$210t+113$$

其中 t 为非负整数，故孪生质数

$$210m+192\pm1$$

之积（$210m+191$）（$210m+193$）是数列

$$210t+113$$

中的合数项。

由上述可得到定理 2.4.1。

定理 2.4.1 下面四个孪生质数：

$210m+18\pm1$，$210m+102\pm1$，$210m+108\pm1$，$210m+192\pm1$，

它们的两数之积，都是等差数列

$$a_n=210n+113，其中，n=0，1，2，3，\cdots$$

中的合数项。

例 1：证明下面各孪生质数之积，都是等等差数列 $a_n=210n+83$ 中的合数项。

（1）1152 ± 1，（2）1698 ± 1，（3） 3252 ± 1，（4）3258 ± 1，

（5）3462 ± 1，（6）3468 ± 1，（7） 4092 ± 1，（8）4218 ± 1，

（9）1452 ± 1，（10）3168 ± 1，（11） 4218 ± 1，（12）4638 ± 1，

（13）1788 ± 1，（14）1998 ± 1，（15） 4518 ± 1，（16）6198 ± 1。

证明：（1）由

$$1151\times1153=1327103=210\times6319+113$$

可知孪生质数 1152 ± 1 之积是等等差数列 $a_n=210n+113$ 中的合数项。

（2）由

$$1697\times1699=2883203=210\times13729+113$$

可知孪生质数 1698 ± 1 之积是等等差数列 $a_n=210n+113$ 中的合数项。

（3）由

$$3251\times3253=10575503=210\times50359+113$$

可知孪生质数 3252±1 之积是等等差数列 a_n=210n+113 中的合数项。

（4）由

$$3257\times3259=10614563=210\times50545+113$$

可知孪生质数 3258±1 之积是等等差数列 a_n=210n+113 中的合数项。

（5）由

$$3461\times3463=11985443=210\times57073+113$$

可知孪生质数 3462±1 之积是等等差数列 a_n=210n+113 中的合数项。

（6）由

$$3467\times3469=12027023=210\times57271+113$$

可知孪生质数 3468±1 之积是等等差数列 a_n=210n+113 中的合数项。

（7）由

$$4091\times4093=16744463=210\times79735+113$$

可知孪生质数 4092±1 之积是等等差数列 a_n=210n+113 中的合数项。

（8）由

$$4217\times4219=17791523=210\times84721+113$$

可知孪生质数 4218±1 之积是等等差数列 a_n=210n+113 中的合数项。

（9）由

$$1451\times1453=2108303=210\times10039+113$$

可知孪生质数 1452±1 之积是等等差数列 a_n=210n+113 中的合数项。

（10）由

$$3167\times3169=10036223=210\times47791+113$$

可知孪生质数 3168±1 之积是等等差数列 a_n=210n+113 中的合数项。

（11）由

$$4217\times4219=17791523=210\times84721+113$$

可知孪生质数 4218±1 之积是等等差数列 a_n=210n+113 中的合数项。

（12）由

$$4637\times4639=21511043=210\times102433+113$$

可知孪生质数 4638±1 之积是等等差数列 a_n=210n+113 中的合数项。

（13）由

$$1787\times1789=3196943=210\times15223+113$$

可知孪生质数 1788±1 之积是等等差数列 a_n=210n+113 中的合数项。

（14）由

$$1997\times1999=3992003=210\times19009+113$$

可知孪生质数 1998±1 之积是等等差数列 a_n=210n+113 中的合数项。

（15）由

$$4517\times4519=20412323=210\times97201+113$$

可知孪生质数 4518±1 之积是等等差数列 a_n=210n+113 中的合数项。

（16）由

$$6197\times6199=38415203=210\times182929+113$$

可知孪生质数 6198±1 之积是等等差数列 a_n=210n+113 中的合数项。

依定理 2.4.1 得到以下推论。

推论 2.4.1 当等差数列 a_n=210n+113 中的项数 n 为

$n=210m^2+36m+1$，其中，m=0，1，2，…时，则 a_n=210n+113 必为合数，若合数是两个质因数之积，则这两个质因数是孪生质数。

下面用

$$m=0，1，2，3，4$$

来验证推论 2.4.1。

m=0 时，则 $n=210m^2+36m+1=1$，有

$$a_n=210n+113=323=17\times19$$

a_n 是两个质因数 17 与 19 之积，故 17 与 19 为孪生质数。

m=1 时，则 $n=210m^2+36m+1=247$，有

$$a_n=210n+113=51983=227\times229$$

a_n 是两个质因数 227 与 229 之积，故 227 与 229 为孪生质数。

m=2 时，则 $n=210m^2+36m+1=913$，有

$$a_n=210n+113=191843=19\times23\times439$$

a_n 是合数，a_n 是 3 个质因数之积，

m=3 时，则 $n=210m^2+36m+1=1999$，有

$$a_n=210n+113=419903=11\times59\times647$$

a_n 是合数，a_n 是 3 个质因数之积，

m=4 时，则 $n=210m^2+36m+1=3505$，有

$$a_n=210n+113=736163=857\times859$$

a_n 是两个质因数 857 与 859 之积，故 857 与 859 为孪生质数。

推论 2.4.2 当等差数列 $a_n=210n+113$ 中的项数 n 为

$n=210m^2+204m+49$，其中，m=0，1，2，…时，则 $a_n=210n+113$ 必为合数，若合数是两个质因数之积，则这两个质因数是孪生质数。

下面用

$$m=0，1，2，3，4$$

来验证推论 2.4.2。

m=0 时，则 $n=210m^2+204m+49=49$，有

$$a_n=210n+113=10403=101\times103$$

a_n 是两个质因数 101 与 103 之积，故 101 与 103 为孪生质数。

m=1 时，则 $n=210m^2+204m+49=463$，有

$$a_n=210n+113=97343=311\times313$$

a_n 是两个质因数 311 与 313 之积，故 311 与 313 为孪生质数。

m=2 时，则 $n=210m^2+204m+49=1297$，有

$$a_n=210n+113=272483=521\times523$$

a_n 是两个质因数 521 与 523 之积，故 521 与 523 为孪生质数。

$m=3$ 时，则 $n=210m^2+204m+49=2551$，有

$$a_n=210n+113=535823=17\times43\times733$$

a_n 是合数，a_n 是 3 个质因数之积，

$m=4$ 时，则 $n=210m^2+204m+49=4225$，有

$$a_n=210n+113=887363=23\times41\times941$$

推论 2.4.3 当等差数列 $a_n=210n+113$ 中的项数 n 为

$n=210m^2+216m+55$，其中，$m=0$，1，2，…时，则 $a_n=210n+113$ 必为合数，若合数是两个质因数之积，则这两个质因数是孪生质数。

下面用

$$m=0，1，2，3，4$$

来验证推论 2.4.3。

$m=0$ 时，则 $n=210m^2+216m+55=55$，有

$$a_n=210n+113=11663=107\times109$$

a_n 是两个质因数 107 与 109 之积，故 107 与 109 为孪生质数。

$m=1$ 时，则 $n=210m^2+216m+55=481$，有

$$a_n=210n+113=101123=11\times29\times317$$

a_n 是合数，a_n 是 3 个质因数之积，

$m=2$ 时，则 $n=210m^2+216m+55=1327$，有

$$a_n=210n+113=278783=17\times23\times23\times31$$

a_n 是合数，an 是 4 个质因数之积，

$m=3$ 时，则 $n=210m^2+216m+55=2593$，有

$$a_n=210n+113=544643=11\times67\times739$$

a_n 是合数，a_n 是 3 个质因数之积，

$m=4$ 时，则 $n=210m^2+216m+55=4279$，有

$$a_n=210n+113=898703=13\times73\times947$$

a_n 是合数，a_n 是 3 个质因数之积，

推论 2.4.4 当等差数列 a_n=210n+113 中的项数 n 为

n=210m^2+384m+175，其中，m=0，1，2，…时，则 a_n=210n+113 必为合数，若合数是两个质因数之积，则这两个质因数是孪生质数。

下面用

$$m=0，1，2，3，4$$

来验证推论 2.4.4。

m=0 时，则 n=210m^2+384m+175=175，有

$$a_n=210n+113=36863=191\times193$$

a_n 是两个质因数 191 与 193 之积，故 191 与 193 为孪生质数。

m=1 时，则 n=210m^2+384m+175=769，有

$$a_n=210n+113=161603=13\times31\times401$$

a_n 是合数，a_n 是 3 个质因数之积，

m=2 时，则 n=210m^2+384m+175=1783，有

$$a_n=210n+113=374543=13\times47\times613$$

a_n 是合数，a_n 是 3 个质因数之积，

m=3 时，则 n=210m^2+384m+175=3217，有

$$a_n=210n+113=675683=821\times823$$

a_n 是两个质因数 821 与 823 之积，故 821 与 823 为孪生质数。

m=4 时，则 n=210m^2+384m+175=5071，有

$$a_n=210n+113=1065023=1031\times1033$$

a_n 是两个质因数 1031 与 1033 之积，故 1031 与 1033 为孪生质数。

§2.5 数列 $210n+143$ 中的孪生质数之积

下面求孪生质数：

$210m+12\pm1$，$210m+72\pm1$，$210m+138\pm1$，$210m+198\pm1$，

它们的两数之积所在的数列。

由孪生质数

$$210m+12\pm1$$

得两孪生质数之积为

$$(210m+11)(210m+13)=210(210m^2+24m)+143$$

由 m 为非负整数得，$(210m^2+24m)$ 为非负整数。

$$令\ t=(210m^2+24m)$$

则孪生质数之积 $(210m+11)(210m+13)$，可以表为

$$210t+143$$

其中 t 为非负整数，故孪生质数

$$210m+12\pm1$$

之积 $(210m+11)(210m+13)$ 是数列

$$210t+143$$

中的合数项。

由孪生质数

$$210m+72\pm1$$

得两孪生质数之积为

$$(210m+71)(210m+73)=210(210m^2+144m+24)+143$$

由 m 为非负整数得，$(210m^2+144m+24)$ 为非负整数。

$$令\ t=(210m^2+144m+24)$$

则孪生质数之积（$210m+71$）（$210m+73$），可以表为

$$210t+143$$

其中 t 为非负整数，故孪生质数

$$210m+72\pm1$$

之积（$210m+71$）（ $210m+73$）是数列

$$210t+143$$

中的合数项。

由孪生质数

$$210m+138\pm1$$

得两孪生质数之积为

$$(210m+137)(210m+139)=210(210m^2+276m+90)+143,$$

由 m 为非负整数，得（$210m^2+276m+90$）为非负整数。

令 $$t=(210m^2+276m+90)$$

则孪生质数之积（$210m+137$）（$210m+139$），可以表为

$$210t+143$$

其中 t 为非负整数，故孪生质数

$$210m+138\pm1$$

之积（$210m+137$）（$210m+139$）是数列

$$210t+143$$

中的合数项。

由孪生质数

$$210m+198\pm1,$$

得两孪生质数之积为

$$(210m+197)(210m+199)=210(210m^2+396m+186)+143$$

由 m 为非负整数得，（$210m^2+396m+186$）为非负整数。

$$令\ t=(210m^2+396m+186)$$

则孪生质数之积 $(210m+197)(210m+199)$，可以表为

$$210t+143$$

其中 t 为非负整数，故孪生质数

$$210m+198\pm1$$

之积 $(210m+197)(210m+199)$ 是数列

$$210t+143,$$

中的合数项。

由上述可得到定理 2.5.1。

定理 2.5.1 下面 4 个孪生质数：

$210m+12\pm1$，$210m+72\pm1$，$210m+138\pm1$，$210m+198\pm1$，

它们的两数之积，都是等差数列

$$a_n=210n+143，其中，n=0，1，2，3，\cdots$$

中的合数项。

例 1，证明，下面各个孪生数之积，都是等等差数列 $210n+143$ 中的合数项：

（1）1608±1，（2）1668±1，（3）2238±1，（4）4002±1，

（5）4128±1，（6）4272±1，（7）4968±1，（8）7758±1，

（9）9042±1，（10）9462±1，（11）10092±1，（12）10302±1，

（13）2028±1，（14）2658±1，（15）3918±1，（16）4338±1。

证明：（1）由

$$1607\times1609=2585663=210\times12312+143$$

可知孪生质数 1608±1 之积是等等差数列 $a_n=210n+143$ 中的合数项。

（2）由

$$1667\times1669=2782223=210\times13248+143$$

可知孪生质数 1668±1 之积是等等差数列 $a_n=210n+143$ 中的合数项。

（3）由

$$2237\times2239=5008643=210\times23850+143$$

可知孪生质数 2238±1 之积是等等差数列 $a_n=210n+143$ 中的合数项。

（4）由

$$4001\times4003=16016003=210\times76266+143$$

可知孪生质数 4002±1 之积是等等差数列 $a_n=210n+143$ 中的合数项。

（5）由

$$4127\times4129=17040383=210\times81144+143$$

可知孪生质数 4128±1 之积是等等差数列 $a_n=210n+143$ 中的合数项。

（6）由

$$4271\times4273=18249983=210\times86904+143$$

可知孪生质数 4272±1 之积是等等差数列 $a_n=210n+143$ 中的合数项。

（7）由

$$4967\times4969=24681023=210\times117528+143$$

可知孪生质数 4968±1 之积是等等差数列 $a_n=210n+143$ 中的合数项。

（8）由

$$7757\times7759=60186563=210\times286602+143$$

可知孪生质数 7758±1 之积是等等差数列 $a_n=210n+143$ 中的合数项。

（9）由

$$9041\times9043=81757763=210\times389322+143$$

可知孪生质数 9042±1 之积是等等差数列 $a_n=210n+143$ 中的合数项。

（10）由

$$9461\times9463=89529443=210\times426330+143$$

可知孪生质数 9462±1 之积是等等差数列 $a_n=210n+143$ 中的合数项。

（11）由

$$10091 \times 10093=101848463=210 \times 484992+143$$

可知孪生质数 10092±1 之积是等等差数列 $a_n=210n+143$ 中的合数项。

（12）由

$$10301 \times 10303=106131203=210 \times 505386+143$$

可知孪生质数 10302±1 之积是等等差数列 $a_n=210n+143$ 中的合数项。

（13）由

$$2027 \times 2029=4112783=210 \times 19584+143$$

可知孪生质数 2028±1 之积是等等差数列 $a_n=210n+143$ 中的合数项。

（14）由

$$2657 \times 2659=7064963=210 \times 33642+143$$

可知孪生质数 2658±1 之积是等等差数列 $a_n=210n+143$ 中的合数项。

（15）由

$$3917 \times 3919=15350723=210 \times 73098+143$$

可知孪生质数 3918±1 之积是等等差数列 $a_n=210n+143$ 中的合数项。

（16）由

$$4337 \times 4339=18818243=210 \times 89610+143$$

可知孪生质数 4338±1 之积是等等差数列 $a_n=210n+143$ 中的合数项。

依定理 2. 5. 1 可得到以下推论。

推论 2.5.1 当等差数列 $a_n=210n+143$ 中的项数 n 为 $n=(210m^2+24m)$，其中，$m=0$，1，2，…时，则 $a_n=210n+143$ 必为合数，若合数是两个质因数之积，则这两个质因数是孪生质数。

下面用

$$m=0，1，2，3，4$$

来验证推论 2. 5. 1。

$m=0$ 时，则 $n=(210m^2+24m)=0$，有

$$a_n=210n+143=143=11\times 13$$

a_n 是两个质因数 11 与 13 之积，故 11 与 13 为孪生质数。

m=1 时，则 $n=(210m^2+24m)=234$，有

$$a_n=210n+143=49283=13\times 17\times 223$$

a_n 是合数，为 3 个质因数之积。

m=2 时，则 $n=(210m^2+24m)=888$，有

$$a_n=210n+143=186623=431\times 433$$

a_n 是两个质因数 431 与 433 之积，故 431 与 433 为孪生质数。

m=3 时，则 $n=(210m^2+24m)=1962$，有

$$a_n=210n+143=412163=641\times 643$$

a_n 是两个质因数 641 与 643 之积，故 641 与 643 为孪生质数。

m=4 时，则 $n=(210m^2+24m)=3456$，有

$$a_n=210n+143=725903=23\times 37\times 853$$

a_n 是合数，为 3 个质因数之积。

推论 2.5.2 当等差数列 $a_n=210n+143$ 中的项数 n 为 $n=210m^2+144m+24$，其中，m=0，1，2，…时，则 $a_n=210n+143$ 必为合数，若合数是两个质因数之积，则这两个质因数是孪生质数。

下面用

$$m=0，1，2，3，4$$

来验证推论 2.5.2。

m=0 时，则 $n=(210m^2+144m+24)=24$，有

$$a_n=210n+143=5183=71\times 73$$

a_n 是两个质因数 71 与 73 之积，故 71 与 73 为孪生质数。

m=1 时，则 $n=(210m^2+144m+24)=378$，有

$$a_n=210n+143=79523=281\times 283$$

a_n 是两个质因数 281 与 283 之积，故 281 与 283 为孪生质数。

$m=2$ 时，则 $n=(210m^2+144m+24)=1152$，有

$$a_n=210n+143=242063=17\times29\times491$$

a_n 是合数，为 3 个质因数之积。

$m=3$ 时，则 $n=(210m^2+144m+24)=2346$，有

$$a_n=210n+143=492803=19\times37\times701$$

a_n 是合数，为 3 个质因数之积。

$m=4$ 时，则 $n=(210m^2+144m+24)=3960$，有

$$a_n=210n+143=831743=11\times83\times911$$

a_n 是合数，为 3 个质因数之积。

推论 2.5.3 当等差数列 $a_n=210n+143$ 中的项数 n 为 $n=210m^2+276m+90$，其中，$m=0$，1，2，…时，则 $a_n=210n+143$ 必为合数，若合数是两个质因数之积，则这两个质因数是孪生质数。

下面用

$$m=0，1，2，3，4$$

来验证推论 2.5.3。

$m=0$ 时，则 $n=(210m^2+276m+90)=90$，有

$$a_n=210n+143=19043=137\times139$$

a_n 是两个质因数 137 与 139 之积，故 137 与 139 为孪生质数。

$m=1$ 时，则 $n=(210m^2+276m+90)=576$，有

$$a_n=210n+143=121103=347\times349$$

a_n 是两个质因数 347 与 349 之积，故 347 与 349 为孪生质数。

$m=2$ 时，则 $n=(210m^2+276m+90)=1482$，有

$$a_n=210n+143=311363=13\times43\times557$$

a_n 是合数，为 3 个质因数之积。

$m=3$ 时，则 $n=(210m^2+276m+90)=2808$，有

$$a_n=210n+143=589823=13\times59\times769$$

a_n 是合数，为 3 个质因数之积。

m=4 时，则 $n=(210m^2+276m+90)=4554$，有

$$a_n=210n+143=956483=11\times89\times977$$

a_n 是合数，为 3 个质因数之积。

推论 2.5.4 当等差数列 a_n =210n+143 中的项数 n 为 $n=210m^2+396m+186$，其中，m=0，1，2，…时，则 $a_n=210n+143$ 必为合数，若合数是两个质因数之积，则这两个质因数是孪生质数。

下面用

$$m=0，1，2，3，4$$

来验证推论 2.5.4。

m=0 时，则 $n=210m^2+396m+186=186$，有

$$a_n=210n+143=39203=197\times199$$

a_n 是两个质因数 197 与 199 之积，故 197 与 199 为孪生质数。

m=1 时，则 $n=210m^2+396m+186=792$，有

$$a_n=210n+143=166463=11\times37\times409$$

a_n 是合数，为 3 个质因数之积。

m=2 时，则 $n=210m^2+396m+186=1818$，有

$$a_n=210n+143=381923=617\times619$$

a_n 是两个质因数 617 与 619 之积，故 617 与 619 为孪生质数。

m=3 时，则 $n=210m^2+396m+186=3264$，有

$$a_n=210n+143=685583=827\times829$$

a_n 是两个质因数 827 与 829 之积，故 827 与 829 为孪生质数。

m=4 时，则 $n=210m^2+396m+186=5130$，有

$$a_n=210n+143=1077443=17\times61\times1039$$

a_n 是合数，为 3 个质因数之积。

§2.6 数列 $210n+209$ 中的孪生质数之积

下面求孪生质数

$$210m+210\pm 1$$

它们的两数之积所在的数列。

由孪生质数

$$210m+210\pm 1$$

得孪生质数之积为

$$(210m+209)(210m+211)=210(210m^2+420m+209)+209,$$

由 m 为非负整数，得 $(210m^2+420m+209)$ 为非负整数。

$$令\ t=(210m^2+420m+209)$$

则孪生质数之积 $(210m+209)(210m+211)$ 可以表为

$$210t+209$$

其中 t 为非负整数，故得孪生质数

$$210m+210\pm 1$$

之积 $(210m+209)(210m+211)$ 积，是数列

$$210t+209$$

中的合数项。

由上述可得到定理 2.6.1。

定理 2.6.1 孪生质数：

$$210m+210\pm 1$$

的两数之积，都是等差数列

$a_n=210n+209$，其中，$n=0$，1，2，3，…中的合数项。

例 1，证明，下面各个孪生数之积，都是等等差数列 $210n+143$ 中的合数项：

（1）8820±1，（2）9240±1，（3） 2310±1，（4）2730±1，

（5）3360±1，（6）5880±1，（7） 6090±1，（8）420±1，

（9）1050±1，（10）2310±1，（11） 2730±1，（12）3360±1，

（13）5880±1，（14）6090±1，（15）6300±1，（16）7350±1。

证明：（1）由

$$8819\times8821=77792399=210\times370439+209$$

可知孪生质数 8820±1 之积是等等差数列 $a_n=210n+209$ 中的合数项。

（2）由

$$9239\times9241=85377599=210\times406559+209$$

可知孪生质数 9240±1 之积是等等差数列 $a_n=210n+209$ 中的合数项。

（3）由

$$2309\times2311=5336099=210\times25409+209$$

可知孪生质数 2310±1 之积是等等差数列 $a_n=210n+209$ 中的合数项。

（4）由

$$2729\times2731=7452899=210\times35489+209$$

可知孪生质数 2730±1 之积是等等差数列 $a_n=210n+209$ 中的合数项。

（5）由

$$3359\times3361=11289599=210\times53759+209$$

可知孪生质数 3360±1 之积是等等差数列 $a_n=210n+209$ 中的合数项。

（6）由

$$5879\times5881=34575399=210\times164639+209$$

可知孪生质数 5880±1 之积是等等差数列 $a_n=210n+209$ 中的合数项。

（7）由

$$6089\times6091=37088099=210\times176609+209$$

可知孪生质数 6090±1 之积是等等差数列 a_n=210n+209 中的合数项。

（8）由

$$419\times421=176399=210\times839+209$$

可知孪生质数 420±1 之积是等等差数列 a_n=210n+209 中的合数项。

（9）由

$$1049\times1051=1102499=210\times5249+209$$

可知孪生质数 1050±1 之积是等等差数列 a_n=210n+209 中的合数项。

（10）由

$$2309\times2311=5336099=210\times25409+209$$

可知孪生质数 2310±1 之积是等等差数列 a_n=210n+209 中的合数项。

（11）由

$$2729\times2731=7452899=210\times35489+209$$

可知孪生质数 2730±1 之积是等等差数列 a_n=210n+209 中的合数项。

（12）由

$$3359\times3361=11289599=210\times53759+209$$

可知孪生质数 3360±1 之积是等等差数列 a_n=210n+209 中的合数项。

（13）由

$$5879\times5881=34574399=210\times164639+209$$

可知孪生质数 5880±1 之积是等等差数列 a_n=210n+209 中的合数项。

（14）由

$$6089\times6091=37088099=210\times176609+209$$

可知孪生质数 6090±1 之积是等等差数列 a_n=210n+209 中的合数项。

（15）由

$$6299\times6301=39689999=210\times188999+209$$

可知孪生质数 6300±1 之积是等等差数列 a_n=210n+209 中的合数项。

（16）由

$$7349\times7351=54022499=210\times257249+209$$

可知孪生质数 7350±1 之积是等等差数列 a_n=210n+209 中的合数项。

依定理 2.6.1 得推论 2.6.1。

推论 2.6.1 当 n=(210n^2 +420m+209) 时，

其中，m=0，1，2，…

若 210n+209 是两个质因数之积，则这两个质因数是孪生质数。

例 2，用 m=0，1，2，3，4 验证推论 2.6.1。

证：取 m=0，则 n=209，由

$$a_n=210\times209+209=44099=11\times19\times211$$

可知 a_n 是 3 个质因数之积，故 n=209 时，合数不是孪生质数之积。

取 m=1，则 n=839，由

$$a_n=210\times839+209=419\times421$$

又 419 与 421 都是质因数，故 419 与 421 是孪生质数。

取 m=2，则 n=1889，由

$$a_n=210\times1889+209=396899=17\times37\times631$$

可知 a_n 是 3 个质因数之积，故 n=1889 时，合数不是孪生质数之积。

取 m=3，则 n=3359，由

$$a_n=210\times3359+209=705599=29\times29\times839$$

可知 a_n 是 3 个质因数之积，故 n=3359 时，合数不是孪生质数之积。

取 m=4，则 n=n=210m^2+420m+209=5249，由

$$a_n=210\times5249+209=1102499=1049\times1051$$

a_n 是 2 个质因数 1049 和 1051 之积，故 1049 和 1051 是孪生质数。

3 “孪生质数猜想”的证明

§3.1 相邻奇数对与座位原则

自然数中的奇数 a_n，可用公式

$$a_n=2n+1，其中，n=0，1，2，3，\cdots$$

表示。

引理 3.1.1 对任意正整数 n，在区间 [1，$2n+1$] 内有 $n+1$ 个连续奇数。

证明　　区间 [1，$2n+1$] 内的奇数可表为

$$a_n=2t+1，其中，t=0，1，2，\cdots$$

由

$t=0，1，2，\cdots，n$，

可知在区间 [1，$2n+1$] 上有 $n+1$ 个奇数。

例 1：当 $n=40$ 时，得区间 [1，81]，在区间 [1，81] 内有 41 个连续奇数：

1，3，5，7，9，11，13，15，17，19，21，23，25，27，

29，31，33，35，37，39，41，43，45，47，49，51，53，

55，57，59，61，63，65，67，69，71，73，75，77，79，81。

定义： 两个差值为 2 的奇数，称为相邻奇数对。

例：1 与 3，3 与 5，5 与 7，11 与 13，21 与 23，…

自然数中的相邻奇数对，可用公式表示为

$$(2n-1.\ 2n+1)，其中，n=1，2，3，\cdots$$

引理 3.1.2 对任意正整数 n，在区间 [1，$2n+1$] 内有 n 个相邻奇数对。

证明　　区间 [1，2n+1] 上的相邻奇数对可表为

$(2t-1.2t+1)$，其中，$t=1$，2，3，…

由

$t=1$，2，…，n，

可知在区间 [1，2n+1] 内有 n 个相邻奇数对。

例 2：$n=40$，在区间 [1，81] 内有 40 对相邻奇数：

(1，3)，(3，5)，(5，7)，(7，9)，(9，11)，(11，13)，(13，15)，(15，17)，(17，19)，(19，21)，(21，23)，(23，25)，(25，27)，(27，29)，(29，31)，(31，33)，(33，35)，(35，37)，(37，39)，(39，41)，(41，43)，(43，45)，(45，47)，(47，49)，(49，51)，(51，53)，(53，55)，(55，57)，(57，59)，(59，61)，(61，63)，(63，65)，(65，67)，(67，69)，(69，71)，(71，73)，(73，75)，(75，77)，(77，79)，(79，81)。

上述两个引理，也可用数学规纳法加以严格证明，在此不再详述。

下面，仿“抽屉原则”建立一个“公理”，在此命名为“座位原则”。

座位原则：一排座位，是相连的 n 张椅子（n 为偶数），如果已有 m 张椅子被人所占，那么：

若 $m \geqslant (n \div 2)$，则可能没有相连的两个空座位；

若 $m < (n \div 2)$，则最少还有 $[(n \div 2)-m]$ 对相连的空座位。

（注：因本文只涉及 n 为偶数，为省篇幅就不讨论 n 为奇数的情况）

比如，一排 10 张相连椅子，如果有 5 张椅子被人所占，则可能没有两张相连的空椅子；如果只有 4 张椅子被人所占，则最少有 1 对相连的空椅子；如果只有 3 张椅子被人所占，则最少有 2 对相连的空椅子：如果只有 2 张椅子被人所占，则最少有 3 对相连的空椅子：

如果只有 1 张椅子被人所占，则最少有 4 对相连的空椅子。

在上述的 41 个连续奇数中，由相邻奇数组成的 40 对相邻奇数，把每一

对数当作一张椅子，则有 40 张椅子，如果有 20 张椅子被占（20=40÷2），且占的椅子是下面的 20 张椅子：

（3，5），（7，9），（11，13），（15，17），（19，21），

（23，25），（27，29），（31，33），（35，37），（39，41），

（43，45），（47，49），（51，53），（55，57），（59，61），

（63，65），（67，69），（71，73），（75，77），（79，81）。

那么，就不存在有两张相邻的空椅子，只有当所占的椅子 m 少于 20 张时才有两张相邻的空椅子。如所占的椅子只有 19 张，则最少有一对相邻的空椅子，如果所占的椅子只有 18 张，则最少有 2 对相邻的空椅子，……，当所占的椅子 m 少于 20 张时，则最少有（$20-m$）对相邻的空椅子。

把上述 n 张椅子作为区间 $[1，2n+1]$ 上的 n 个相邻奇数对，把占位子的 m 个人看作此区间上的 m 个不同的为合数的奇数，则此区间的 n 对相邻奇数中，不含合数的相邻奇数对不少于 $[(n÷2)-m]$ 对。

定理 3.1.1 对于任意正偶数 n，若区间 $[1，2n+1]$ 上的奇数中有 m 个合数（$m<(n÷2)$），则在此区间中，不含合数的相邻奇数对不少于 $[(n÷2)-m]$ 对（或称此区间内最少有 $[(n÷2)-m]$ 个不含合数的相邻奇数对）。

例如，$n=8$ 时，设区间 [1，17] 上的 9 个奇数中有 3 个合数，依定理 3. 1. 1，区间 [1，17] 上不含合数的相邻奇数对不会少于 $[(8÷2)-3]=1$ 对。

（1）若 3 个合数是 1，3，5，则不含合数的相邻奇数对有 5 对：

（7，9），（9，11），（11，13），（13，15），（15，17）。

（2）若 3 个合数是 1，3，7，则不含合数的相邻奇数对有 4 对：

（9，11），（11，13），（13，15），（15，17）。

（3）若 3 个合数是 1，3，9，则不含合数的相邻奇数对有 4 对：

（5，7），（11，13），（13，15），（15，17）。

（4）若 3 个合数是 1，3，13，则不含合数的相邻奇数对有 4 对：

（5，7），（7，9），（9，11），（15，17）。

（5）若 3 个合数是 1，3，15，则不含合数的相邻奇数对有 4 对：

(5，7)，(7，9)，(9，11)，(11，13)。

（6）若 3 个合数是 1，3，17，则不含合数的相邻奇数对有 5 对：

(5，7)，(7，9)，(9，11)，(11，13)，(13，15)。

（7）若 3 个合数是 3，5，7，则不含合数的相邻奇数对有 4 对：

(9，11)，(11，13)，(13，15)，(15，17)。

（8）若 3 个合数是 3，5，9，则不含合数的相邻奇数对有 3 对：

(11，13)，(13，15)，(15，17)。

（9）若 3 个合数是 3，5，11，则不含合数的相邻奇数对有 3 对：

(7，9)，(13，15)，(15，17)。

（10）若 3 个合数是 3，5，13，则不含合数的相邻奇数对有 3 对：

(7，9)，(9，11)，(15，17)。

（11）若 3 个合数是 3，5，15，则不含合数的相邻奇数对有 3 对：

(7，9)，(9，11)，(11，13)。

（12）若 3 个合数是 3，5，17，则不含合数的相邻奇数对有 4 对：

(7，9)，(9，11)，(11，13)，(13，15)。

（13）若 3 个合数是 3，7，11，则不含合数的相邻奇数对有 2 对：

(13，15)，(15，17)。

（14）若 3 个合数是 3，7，15，则不含合数的相邻奇数对有 2 对：

(9，11)，(11，13)。

（15）若 3 个合数是 3，9，13，则不含合数的相邻奇数对有 2 对：

(5，7)，(15，17)。

…

若 3 个合数是 3，7，13 或 3，7，17…仿照上述方法，可以验证，区间 [1，17] 内不含合数的相邻奇数对，不少于 1 个。

§3.2 孪生质数分布定理（*CLZ* 分布定理）

依据两个奇数之积必为奇数，奇数为合数时可以分解成若干个奇质数相乘，因此，奇数 $2n+1$ 为合数时，奇数 $2n+1$ 可以表为两个奇数之积，即当奇数 $2n+1$ 为合数时，存在两个正整数 x、y，使得

$$2n+1=(2x+1)(2y+1)。$$

由

$$2n+1=(2x+1)(2y+1)=2(2xy+x+y)+1,$$

得到下面的定理。

定理 3.2.1 奇数 $2n+1$ 为合数的充要条件是

$$n(x,\ y)=2xy+x+y,$$

其变量 x、y 为正整数（即正整数 x、y 为 $x \geqslant 1$、$y \geqslant 1$）。

此定理的证明，在书［1］中和许多数论著作中都可找到，在此不再赘述。

定理 3.2.2 孪生质数的充要条件是：此两数为大于 1 的相邻奇数，且两数无一是合数。

由孪生质数的定义和两个相邻奇数之差为 2 即可证得，不再详述。

依定理 3. 2. 1，当奇数 $2n+1$ 为合数时，有

$$n(x,\ y)=2xy+x+y,$$

其变量 x、y 为正整数（即正整数 x、y 为 $x \geqslant 1$、$y \geqslant 1$）。由

$$2n(x,\ y)+1=2(2xy+x+y)+1=(2x+1)(2y+1),$$

得合数 $(2x+1)(2y+1)$，对于任意给定的正整数 a，当正整数变量 x、y 的取值范围是

$$1 \leqslant x \leqslant a \quad 1 \leqslant y \leqslant a$$

时，可得 a^2 个合数，因

$$2n(x, y)+1=2n(y, x)+1,$$

故不同的为合数的奇数不多于 (a^2-a) 个。

函数 $2n(x, y)+1$ 在取值范围 $x \geqslant 0$、$y \geqslant 0$ 内，若非负整数 x'、x''、y'、y'' 有

$$0 < x' < x'', 0 < y' < y'',$$

则由

$$\begin{aligned}&[2n(x', y)+1]-[2n(x'', y)+1]\\&=(2x'+1)(2y+1)-(2x''+1)(2y+1)\\&=2(x'-x'')(2y+1) < 0,\end{aligned}$$

得

$$[2n(x', y)+1] < [2n(x'', y)+1]。$$

同样可证明

$$2n(x, y')+1 < 2n(x, y'')+1,$$

$$2n(x', y')+1 < 2n(x'', y'')+1,$$

故函数 $2n(x, y)+1$ 在取值范围

$$0 \leqslant x \leqslant a \quad 0 \leqslant y \leqslant a,$$

其最小值 $[2n(x, y)+1]min$ 与最大值 $[2n(x, y)+1]max$ 分别是

$$[2n(x, y)+1]min=1, [2n(x, y)+1]max=(2a+1)^2。$$

因此，连续函数 $2n(x, y)+1$ 在取值范围

$$0 \leqslant x \leqslant a \quad 0 \leqslant y \leqslant a$$

内的全体奇数，都是区间 $[1, (2a+1)^2]$ 上的奇数。

因为函数 $2n(x, y)+1$ 在区域

$$1 \leqslant x \leqslant a \quad 1 \leqslant y \leqslant a$$

内的全体奇数必为区间 $[1, (2a+1)^2]$ 上的奇数，于是得到定理 3.2.3。

定理 3.2.3 对任意正整数 $a(a \neq 1)$，最多有 (a^2-a) 个不同的为合数的

奇数在区间 [1，$(2a+1)^2$] 内。

说明一下，在证明定理的过程中，认定 a 为大于 1 的整数，而定理对 $a=1$ 仍成立，下面不再重述。

由

$$(2a+1)^2=2[2(a^2+a)]+1,$$

依引理 3.1.1，在区间 [1，$(2a+1)^2$] 上有连续的 $2(a^2+a)+1$ 个奇数；依引理 3.1.2，有 $2(a^2+a)$ 对相邻奇数。

因

$$[2(a^2+a)]\div 2-(a^2-a)=2a,$$

依定理 3.1.1 得到：对任意正整数 a，在区间 [1，$(2a+1)^2$] 上最少有 $2a$ 对相邻奇数都不含合数，依定理 3.2.2，这 $2a$ 对相邻奇数为 $2a$ 个孪生质数，于是得到奇数列中孪生质数的分布定理 3.2.4。

定理 3.2.4 对任意正整数 a，自然数 N 在区间

$$N\in[1,\ (2a+1)^2]$$

内，最少有 $2a$ 个孪生质数。

此孪生质数的分布定理，可用符号表示为

$$Z(2a+1)^2\geqslant 2a,$$

为便于识别和记忆，此孪生质数分布定理记为“*CLZ* 分布定理”。

***CLZ* 分布定理** 对任意正整数 a，有

$$Z(2a+1)^2\geqslant 2a$$

由 a 为任意正整数，从 *CLZ* 分布定理得到定理 3.2.5。

定理 3.2.5 自然数中的孪生质数是无穷的。

为加深对 *CLZ* 分布定理证明的理解，请看下面的具体例子。

例，取 $a=4$，则区间为 [1，81]，依 *CLZ* 分布定理，最少有 $2a=8$ 个孪生质数。

区间为 [1，81] 上的奇数，依引理 3.2.1 有 41 个奇数、依引理 3.2.2

有 40 对相邻奇数：

(1，3)，(3，5)，(5，7)，(7，9)，(9，11)，(11，13)，(13，15)，
(15，17)，(17，19)，(19，21)，(21，23)，(23，25)，(25，27)，
(27，29)，(29，31)，(31，33)，(33，35)，(35，37)，(37，39)，
(39，41)，(41，43)，(43，45)，(45，47)，(47，49)，(49，51)，
(51，53)，(53，55)，(55，57)，(57，59)，(59，61)，(61，63)，
(63，65)，(65，67)，(67，69)，(69，71)，(71，73)，(73，75)，
(75，77)，(77，79)，(79，81)。

求得在区域 $1 \leqslant x \leqslant 4$、$1 \leqslant y \leqslant 4$ 中不同的合数 $(2x+1)(2y+1)$ 有 10 个：

① 9，15，21，25，27，35，45，49，63，81。

（依定理 3.2.3，不多于 $4^2-4=12$ 个）

在上述 40 对相邻奇数中，去掉含有上述合数的相邻奇数对，得

(1，3)，(3，5)，(5，7)，(11，13)，(17，19)，(29，31)，(31.33)，
(37，39)，(39，41)，(41，43)，(51，53)，(53，55)，(55，57)，
(57，59)，(59，61)，(65，67)，(67，69)，(69，71)，(71，73)，
(73，75)，(75，77)，(77，79)。

由 $(40\div2)-(4^2-4)=8$，依定理 3.1.1，至少有 8 对相邻奇数不含有合数，即最少有 $2a=2\times4=8$ 个孪生质数，如下面 8 对都不含有合数：

(3，5)，(5，7)，(11，13)，(17，19)，(29，31)，
(41，43)，(59，61)，(71，73)。

这 8 个都是孪生质数，说明 $a=4$ 时 *CLZ* 分布定理正确。

依规定，1 不是质数，故未含合数的 (1.3) 奇数对不是孪生质数，随 a 值的增大，上述表中凡含有合数的奇数对都会出现，不含有合数的奇数对也会增加，例如 $a=5$ 时，区间为 [1，121] 内的奇数，依引理 3.1.1 有 61 个奇数，依引理 3.1.2 有 60 对相邻奇数：

在区域 $1 \leqslant x \leqslant 5$、 $1 \leqslant y \leqslant 5$ 中，不同的合数 $(2x+1)(2y+1)$ 除了①，

增加了下列合数（合计共 15 个，依定理 3.2.3，不多于 $5^2-5=20$ 个），

② 33，55，77，99，121。

将区间 [1，121] 内 60 对相邻奇数，去掉含有①②中的合数的相邻奇数对，得：

(1，3)，(3，5)，(5，7)，(11，13)，(17，19)，(29，31)，

(37，39)，(39，41)，(41，43)，(51，53)，(57，59)，(59，61)，

(65，67)，(67，69)，(69，71)，(71，73)，(73，75)，(83，85)，

(85，87)，(87，89)，(89，91)，(91，93)，(93，95)，(95，97)，

(101，103)，(103，105)，(105，107)，(107，109)，(109，111)，

(111，113)，(113，115)，(115，117)，(117，119)。

可见上述奇数中含有 33，55，77 的奇数对都不是孪生质数，且增加了下列两对不含有合数的奇数对，

(101，103)，(107，109)

表明区间为 [1，121] 内最少有 10 个孪生质数，由 $2a=10=2\times5$，说明 *CLZ* 分布定理 $a=5$ 正确。

下面以 $a=7$ 为例，完整地体会孪生质数分布定理——“*CLZ* 分布定理”的验证过程及其思想。

取 $a=7$，由 $(2a+1)^2=225$，得区间为 [1，225]，依 *CLZ* 分布定理，最少有 $2a=14$ 个孪生质数。

区间为 [1，225] 上的奇数，依引理 3.1.1，在区间 [1，225] 上有连续的 $2(a^2+a)+1=113$ 个奇数，依引理 3.1.2，有 $2(a^2+a)=112$ 对相邻奇数：

(1，3)，(3，5)，(5，7)，(7，9)，(9，11)，(11，13)，(13，15)，

(15，17)，(17，19)，(19，21)，(21，23)，(23，25)，(25，27)，

(27，29)，(29，31)，(31，33)，(33，35)，(35，37)，(37，39)，

(39，41)，(41，43)，(43，45)，(45，47)，(47，49)，(49，51)，

(51，53)，(53，55)，(55，57)，(57，59)，(59，61)，(61，63)，

(63，65)，(65，67)，(67，69)，(69，71)，(71，73)，(73，75)，(75，77)，(77，79)，(79，81)，(81，83)，(83，85)，(85，87)，(87，89)，(89，91)，(91，93)，(93，95)，(95，97)，(97，99)，(99，101)，(101，103)，(103，105)，(105，107)，(107，109)，(109，111)，(111，113)，(113，115)，(115，117)，(117，119)，(119，121)，(121，123)，(123，125)，(125，127)，(127，129)，(129，131)，(131，133)，(133，135)，(135，137)，(137，139)，(139，141)，(141，143)，(143，145)，(145，147)，(147，149)，(149，151)，(151，153)，(153，155)，(155，157)，(157，159)，(159，161)，(161，163)，(163，165)，(165，167)，(167，169)，(169，171)，(171，173)，(173，175)，(175，177)，(177，179)，(179，181)，(181，183)，(183，185)，(185，187)，(187，189)，(189，191)，(191，193)，(193，195)，(195，197)，(197，199)，(199，201)，(201，203)，(203，205)，(205，207)，(207，209)，(209，211)，(211，213)，(213，215)，(215，217)，(217，219)，(219，221)，(221，223)，(223，225)。

在区域 $1 \leqslant x \leqslant 7$、 $1 \leqslant y \leqslant 7$ 中不同的合数 $(2x+1)(2y+1)$ 由：

$(2x+1)$：3，5，7，9，11，13，15，

$(2y+1)$：3，5，7，9，11，13，15，

得合数 $(2x+1)(2y+1)$，共有 49 个：

9，15，21，27，33，39，45，15，25，35，45，55，65，75，21，35，49，63，77，91，105，27，45，63，81，99，117，135，33，55，77，99，121，143，165，39，65，91，117，143，169，195，45，75，105，135，165，195，225。

不同的只有下面 27 个：

9，15，21，25，27，33，35，39，45，49，55，63，65，75，77，

81，91，99，105，117，135，121，143，165，169，195，225。

依定理 3.2.3，不同的合数不多于 $(a^2-a)=42$ 个。

将区间 [1，225] 内的 112 对相邻奇数，去掉含有上述合数的相邻奇数对，得：

(1，3)，(3，5)，(5，7)，(11，13)，(17，19)，(29，31)，

(41，43)，(51，53)，(57，59)，(59，61)，(67，69)，(69，71)，

(71，73)，(83，85)，(85，87)，(87，89)，(93，95)，(95，97)，

(101，103)，(107，109)，(109，111)，(111，113)，(113，115)，

(123，125)，(125，127)，(127，129)，(129，131)，(131，133)，

(137，139)，(139，141)，(145，147)，(147，149)，(149，151)，

(151，153)，(153，155)，(155，157)，(157，159)，(159，161)，

(161，163)，(171，173)，(173，175)，(175，177)，(177，179)，

(179，181)，(181，183)，(183，185)，(185，187)，(187，189)，

(189，191)，(191，193)，(197，199)，(199，201)，(201，203)，

(203，205)，(205，207)，(207，209)，(209，211)，(211，213)，

(213，215)，(215，217)，(217，219)，(219，221)，(221，223)。

依定理 3.1.1，至少有 $2a=2\times7=14$ 对相邻奇数不含有合数，即最少有 $2a=2\times7=14$ 个孪生质数，如下面 14 对都不含有合数：

(3，5)，(5，7)，(11，13)，(17，19)，(29，31)，(41，43)，

(59，61)，(71，73)，(101，103)，(107，109)，(137，139)，

(149，151)，(179，181)，(191，193)。

这 14 个都是孪生质数，说明 $a=7$ 时 *CLZ* 分布定理正确。

当 $a=8$ 时，区间也扩大了，上面的非孪生质数，即含有合数的相邻奇数对，如含合数 51、85 等的非孪生质数，会显露出来，同时也会增加孪生质数，如取 $a=8$，由 $(2a+1)^2=289$，得区间为 [1，289]，依 *CLZ* 分布定理，最少有 $2a=16$ 个孪生质数。

区间为［1，289］内的奇数，依引理 3.1.1，在区间［1，289］内有连续的 $2(a^2+a)+1=145$ 个奇数；依引理 3.1.2，有 $2(a^2+a)=144$ 对相邻奇数（两奇数之差为 2）：

(1，3)，(3，5)，(5，7)，(7，9)，(9，11)，(11，13)，(13，15)，
(15，17)，(17，19)，(19，21)，(21，23)，(23，25)，(25，27)，
(27，29)，(29，31)，(31，33)，(33，35)，(35，37)，(37，39)，
(39，41)，(41，43)，(43，45)，(45，47)，(47，49)，(49，51)，
(51，53)，(53，55)，(55，57)，(57，59)，(59，61)，(61，63)，
(63，65)，(65，67)，(67，69)，(69，71)，(71，73)，(73，75)，
(75，77)，(77，79)，(79，81)，(81，83)，(83，85)，(85，87)，
(87，89)，(89，91)，(91，93)，(93，95)，(95，97)，(97，99)，
(99，101)，(101，103)，(103，105)，(105，107)，(107，109)，
(109，111)，(111，113)，(113，115)，(115，117)，(117，119)，
(119，121)，(121，123)，(123，125)，(125，127)，(127，129)，
(129，131)，(131，133)，(133，135)，(135，137)，(137，139)，
(139，141)，(141，143)，(143，145)，(145，147)，(147，149)，
(149，151)，(151，153)，(153，155)，(155，157)，(157，159)，
(159，161)，(161，163)，(163，165)，(165，167)，(167，169)，
(169，171)，(171，173)，(173，175)，(175，177)，(177，179)，
(179，181)，(181，183)，(183，185)，(185，187)，(187，189)，
(189，191)，(191，193)，(193，195)，(195，197)，(197，199)，
(199，201)，(201，203)，(203，205)，(205，207)，(207，209)，
(209，211)，(211，213)，(213，215)，(215，217)，(217，219)，
(219，221)，(221，223)，(223，225)，(225，227)，(227，229)，
(229，231)，(231，233)，(233，235)，(235，237)，(237，239)，
(239，241)，(241，243)，(243，245)，(245，247)，(247，249)，

(249，251)，(251，253)，(253，255)，(255，257)，(257，259)，
(259，261)，(261，263)，(263，265)，(265，267)，(267，269)，
(269，271)，(271，273)，(273，275)，(275，277)，(277，279)，
(279，281)，(281，283)，(283，285)，(285，287)，(287，289)。

在区域 $1 \leqslant x \leqslant 8$、 $1 \leqslant y \leqslant 8$ 中，由：

$(2x+1)$：3，5，7，9，11，13，15，17，

$(2y+1)$：3，5，7，9，11，13，15，17。

得不相同合数 $(2x+1)(2y+1)$ ：共有 34 个：

9，15，21，27，33，39，45，51，25，35，45，55，
65，85，49，63，77，91，105，119，81，99，117，
135，153，121，143，165，187，169，195，221，
225，255，289。

依定理 3.2.3，不同的合数不多于 $(a^2-a)=56$ 个。

将区间 [1，289] 内的 144 对相邻奇数，去掉含有上述合数的相邻奇数对，得：

(1，3)，(3，5)，(5，7)，(11，13)，(17，19)，(29，31)，
(41，43)，(57，59)，(59，61)，(67，69)，(69，71)，(71，73)，
(87，89)，(93，95)，(95，97)，(101，103)，(107，109)，
(109，111)，(111，113)，(113，115)，(123，125)，(125，127)，
(127，129)，(129，131)，(131，133)，(137，139)，(139，141)，
(145，147)，(147，149)，(149，151)，(155，157)，(157，159)，
(159，161)，(161，163)，(171，173)，(173，175)，(175，177)，
(177，179)，(179，181)，(181，183)，(183，185)，(189，191)，
(191，193)，(197，199)，(199，201)，(201，203)，(203，205)，
(205，207)，(207，209)，(209，211)，(211，213)，(213，215)，
(215，217)，(217，219)，(219，221)，(221，223)，(227，229)，

(229，231)，(231，233)，(233，235)，(235，237)，(237，239)，

(239，241)，(241，243)，(243，245)，(245，247)，(247，249)，

(249，251)，(251，253)，(253，255)，(255，257)，(257，259)，

(259，261)，(261，263)，(263，265)，(265，267)，(267，269)，

(269，271)，(271，273)，(273，275)，(275，277)，(277，279)，

(279，281)，(281，283)，(283，285)，(285，287)。

依定理 3.1.1，至少有 $2a=2\times8=16$ 对相邻奇数不含有合数，即最少有 $2a=2\times8=16$ 个孪生质数，如下面 18 对都不含有合数：

(3，5)，(5，7)，(11，13)，(17，19)，(29，31)，(41，43)，

(59，61)，(71，73)，(101，103)，(107，109)，(137，139)，

(149，151)，(179，181)，(191，193)，(197，199)，(227，229)，

(239，241)，(269，271)。

这 18 个都是孪生质数，说明 $a=8$ 时 *CLZ* 分布定理正确。

由上述例子可知，孪生质数分布定理，即 *CLZ* 分布定理，只是解决在特定的区间内最少有几个孪生质数的问题，不是解答哪个为孪生质数的定理。

§ 3.3 区间 $[1, (2a+1)^2]$ 内的孪生质数

孪生质数分布定理（*CLZ* 分布定理），从理论上证明了孪生质数是无穷的。虽然 *CLZ* 分布定理

$$Z(2a+1)^2 \geqslant 2a$$

只是解决在给定的区间 $[1, (2a+1)^2]$ 内最少有几个孪生质数的问题，并未解决区间 $[1, (2a+1)^2]$ 内那个是孪生质数。但从 *CLZ* 分布定理的验证过程可以知道，区间 $[1, (2a+1)^2]$ 内那个是孪生质数是可以判断的。

在 *CLZ* 分布定理的证明过程中，首先对任意给定的正整数 a 得到确定的区间 $[1, (2a+1)^2]$，再依条件 $1 \leqslant x \leqslant a$、$1 \leqslant y \leqslant a$ 求出在区间 $[1, (2a+1)^2]$ 中不同的合数 $(2x+1)(2y+1)$，最后依条件 $1 \leqslant x \leqslant a$、$1 \leqslant y \leqslant a$ 求出的合数个数，与在区间 $[1, (2a+1)^2]$ 内奇数个数比较而得出区间 $[1, (2a+1)^2]$ 内最少有 $2a$ 个孪生质数。

依条件 $1 \leqslant x \leqslant a$、$1 \leqslant y \leqslant a$ 求出的合数必在区间 $[1, (2a+1)^2]$ 内，但不是区间 $[1, (2a+1)^2]$ 内的全部合数。因为对不合条件 $1 \leqslant x \leqslant a$、$1 \leqslant y \leqslant a$ 又在区间 $[1, (2a+1)^2]$ 内的合数可通过扩大 a 来判定，再依孪生质数的充要条件是“相邻奇数且无一为合数”，就可以断定在区间 $[1, (2a+1)^2]$ 内的孪生质数。下面用例子说明。

例，(1) $a=2$，区间 $[1, (2a+1)^2]=[1, 25]$，区间内有 13 个奇数，12 对相邻奇数：

1，3，5，7，9，11，13，15，17，19，21，23，25

依条件 $1 \leqslant x \leqslant 2$，$1 \leqslant y \leqslant 2$ 求出在区间区间 $[1, 25]$ 中的合数 $(2x+1)(2y+1)$ ，只有下面的合数：

9，15，25

又当 a=3 时，可知 21 是合数，故不含合数的奇数对只有 5 对（全部）：

(1，3)，(3，5)，(5，7)，(11，13)，(17，19)。

依规定 (1，3) 不是孪生质数，故孪生质数只有 4 个：

(3，5)，(5，7)，(11，13)，(17，19)。

依 *CLZ* 分布定理，区间 [1，25] 内最少有 $2a$=4 个孪生质数，结论正确。

(2) a=3，区间 [1，$(2a+1)^2$]=[1，49]，区间内有 25 个奇数，24 对相邻奇数：

1，3，5，7，9，11，13，15，17，19，21，23，25，

27，29，31，33，35，37，39，41，43，45，47，49

依条件 $1 \leqslant x \leqslant 3$、$1 \leqslant y \leqslant 3$ 求出在区间区间 [1，49] 中的合数 $(2x+1)(2y+1)$，只有下面的合数：

9，15，25，35，49

当 a=6 时，可知 21，33，39，45 是合数。

故不含合数的奇数对只有 7 对（全部）：

(1，3)，(3，5)，(5，7)，(11，13)，(17，19)，(29，31)，(41，43)。

依规定 (1，3) 不是孪生质数，故区间 [1，49] 有 6 个孪生质数：

(3，5)，(5，7)，(11，13)，(17，19)，(29，31)，(41，43)。

依 *CLZ* 分布定理，区间 [1，49] 内最少有 $2a$=6 个孪生质数，结论正确。

(3) a=4，区间区间 [1，$(2a+1)^2$]=[1，81]，区间内有 41 个奇数，40 对相邻奇数：

1，3，5，7，9，11，13，15，17，19，21，23，25，27，29，31，33，

35，37，39，41，43，45，47，49，51，53，55，57，59，61，63，

65，67，69，71，73，75，77，79，81

依条件 $1 \leqslant x \leqslant 4$、$1 \leqslant y \leqslant 4$ 求出在区间区间 [1，81] 中的合数 $(2x+1)(2y+1)$，只有下面的合数：

9，15，25，27，35，45，49，81

又当 a=11 时，可知 51，55，57，69，75，77 是合数。

故在区间 [1，81] 中，不含合数的相邻奇数对有 9 对（全部）：

(1，3)，(3，5)，(5，7)，(11，13)，(17，19)，

(29，31)，(41，43)，(59，61)，(71，73)。

依规定 (1，3) 不是孪生质数，故区间 [1，81] 有 8 个孪生质数：

(3，5)，(5，7)，(11，13)，(17，19)，(29，31)，

(41，43)，(59，61)，(71，73)。

依 *CLZ* 分布定理，区间 [1，81] 内最少有 $2a$=8 个孪生质数，结论正确。

(4) a=5，区间区间 [1，$(2a+1)^2$]=[1，121]，区间内有 61 个奇数，60 对相邻奇数：

1，3，5，7，9，11，13，15，17，19，21，23，25，27，29，31，

33，35，37，39，41，43，45，47，49，51，53，55， 57，59，

61，63，65，67，69，71，73，75，77，79，81，83，85，87，

89，91，93，95，97，99，101，103，105，107，109，111，

113，115，117，119，121。

依条件 $1 \leqslant x \leqslant 5$、$1 \leqslant y \leqslant 5$ 求出在区间 [1，81] 中的合数

$(2x+1)(2y+1)$，只有下面的合数：

9，15，25，27，33，35，45，49，55，63，77，81，99，121。

又当 a=18 时，可知 85，87，91，93，95，99，105，111，115，117，119 是合数。

故在区间 [1，81] 中，不含合数的相邻奇数对有 11 对（全部）：

(1，3)，(3，5)，(5，7)，(11，13)，(17，19)，(29，31)，

(41，43)，(59，61)，(71，73) ，(101，103)，(107，109)。

依规定 (1，3) 不是孪生质数，故区间 [1，81] 有 10 个孪生质数：

(3，5)，(5，7)，(11，13)，(17，19)，(29，31)，(41，43)，

(59，61)，(71，73)，(101，103)，(107，109) 。

仿照上面做法，可求出任意区间 $[1, (2a+1)^2]$ 内的孪生质数，以 $a=9$ 为例。

$a=9$，得区间 [1，361]，区间内有 181 个奇数，180 对相邻奇数：

1，3，5，7，9，11，13，15，17，19，21，23，25，27，29，
31，33，35，37，39，41，43，45，47，49，51，53，55，57，
59，61，63，65，67，69，71，73，75，77，79，81，83，85，
87，89，91，93，95，97，99，101，103，105，107，109，
111，113，115，117，119，121，123，125，127，129，131，
133，135，137，139，141，143，145，147，149，151，153，
155，157，159，161，163，165，167，169，171，173，175，
177，179，181，183，185，187，189，191，193，195，197，
199，201，203，205，207，209，211，213，215，217，219，
221，223，225，227，229，231，233，235，237，239，241，
243，245，247，249，251，253，255，257，259，261，263，
265，267，269，271，273，275，277，279，281，283，285，
287，289，291，293，295，297，299，301，303，305，307，
309，311，313，315，317，319，321，323，325，327，329，
331，333，335，337，339，341，343，345，347，349，351，
353，355，357，359，361。

依条件 $1 \leqslant x \leqslant 9$，$1 \leqslant y \leqslant 9$ 求出在区间 [1，361] 中的合数 $(2x+1)(2y+1)$，只有下面中的合数：

9，15，21，27，33，39，45，51，57，25，35，45，55，65，
75，85，95，49，63，77，91，105，119，133，81，99，117，
135，153，171，121，143，165，187，209，169，195，221，
247，225，255，285，289，323，361。

依 *CLZ* 分布定理，区间 [1，361] 内最少有 $2a=18$ 个孪生质数。

依孪生质数的充要条件和合数，可以断定区间［1，361］内下面相的邻奇数对是孪生质数

(3，5)，(5，7)，(11，13)，(17，19)，(29，31)，

(41，43)，(59，61)，(101，103)，(107，109)

为找到其中的孪生质数，利用增大 a 值求出区间［1，361］内的全部合数，从而求出区间内的全部孪生质数。

如当 a=10，可知合数：

63，105，147，189，231，273，315，357，319

如当 a=11，可知合数：

69，115，161，207，253，299，345

如当 a=12，可知合数：

75，125，175，225，275，325

…

如当 a=56，可知合数 339，

如当 a=57，可知合数 345，

当 a=58，可知合数 351，

当 a=59，可知合数 357，

于是得到区间［1，361］内的最大的一对孪生质数 (347，349)。

§ 3.4 区间 $[(2x+1)^2, (2y+1)^2]$ 内的孪生质数

依 *CLZ* 分布定理，对任意正整数 a，有

$$Z(2a+1)^2 \geqslant 2a。$$

如果用 $\pi(N)$ 表示不超过 N 的自然数中质数的个数，因一个孪生质数含两个质数，于是得到定理 3. 4. 1。

定理 3.4.1 对任意正整数 a，自然数 N 在条件

$$1 \leqslant N \leqslant (2a+1)^2$$

内，最少有 $4a$ 个质数。

此质数的分布定理，可用符号表示为

$$\pi(2a+1)^2 \geqslant 4a,$$

其中 a 为任意正整数。

由 a 为任意正整数，得到定理 3. 4. 2。

定理 3.4.2 自然数中的质数是无穷的。

下面用质数表来验证此定理。

例：由 $a=1$，得 $(2a+1)^2=9$，区间为 [1，9]，依定理，区间内最少有 $4\times1=4$ 个质数。依孪生质数表，区间内实际有 4 个质数。

由 $a=2$，得 $(2a+1)^2=25$，区间为 [1，25]，依定理，区间内最少有 $4\times2=8$ 个质数。依孪生质数表，区间内实际有 9 个质数。

由 $a=3$，得 $(2a+1)^2=49$，区间为 [1，49]，依定理，区间内最少有 $4\times3=12$ 个质数。依孪生质数表，区间内实际有 15 个质数。

由 $a=4$，得 $(2a+1)^2=81$，区间为 [1，81]，依定理，区间内最少有 $4\times4=16$ 个质数。依孪生质数表，区间内实际有 22 个质数。

由 a=5，得 $(2a+1)^2$=121，区间为 [1，121]，依定理，区间内最少有 4×5=20 个质数。依孪生质数表，区间内实际有 30 个质数。

由 a=7，得 $(2a+1)^2$=225，区间为 [1，225]，依定理，区间内最少有 4×7=28 个质数。依孪生质数表，区间内实际有 48 个质数。

由 a=10，得 $(2a+1)^2$=441，区间为 [1，441]，依定理，区间内最少有 4×10=40 个质数。依孪生质数表，区间内实际有 85 个质数。

由 a=13，得 $(2a+1)^2$=729，区间为 [1，729]，依定理，区间内最少有 4×13=52 个质数。依孪生质数表，区间内实际有 129 个质数。

显然，对任意正整数 a，$(2a-1)$ 与 $(2a+1)$ 是两个相邻的奇数，依 *CLZ* 分布定理，在区间 [1，$(2a-1)^2$] 与区间 [1，$(2a+1)^2$] 内分别最少有 $2(a-1)$ 个与 $2a$ 个孪生质数，即在区间 [1，$(2a+1)^2$] 内的孪生质数比在区间 [1，$(2a-1)^2$] 内的孪生质数最少增加了两个孪生质数，因奇数 $(2a+1)^2$ 为合数，故下面三个连续奇数

$$(2a+1)^2-2，(2a+1)^2，(2a+1)^2+2$$

不存在孪生质数，由此得出在两个相邻的奇数的平方数之间最少有 2 个孪生质数，于是得出下面定理。

定理 3.4.3 对任意正整数 a，在区间 [$(2a-1)^2$，$(2a+1)^2$] 内最少有 2 个孪生质数。

此定理说明，两个相邻奇数的平方数之间，最少有两个孪生质数。

例 1，在 5 与 7 的两个奇数的平方数之间，即在区间 [25，49] 内，有 2 个孪生质数：

(29，31)，(41，43)。

在 11 与 13 的两个奇数的平方数之间，即在区间 [121，169] 内，有 2 个孪生质数：

(137，139)，(149，151)。

在 19 与 21 的两个奇数的平方数之间，即在区间 [361，441] 内，有 2 个

孪生质数：

(419，421)，(431，433)。

在 25 与 27 的两个奇数的平方数之间，即在区间 [625，729] 内，有 2 个孪生质数：

(641，643)，(659，661)。

在 53 与 55 的两个奇数的平方数之间，即在区间 [2809，3025] 内，有两个孪生质数：

(2969，2971)，(2999，3001)。

例 2，在 13 与 15 的两个奇数的平方数之间，即在区间 [169，225] 内，有 3 个孪生质数：

(179，181)，(191，193)，(197，199)。

在 39 与 41 的两个奇数的平方数之间，即在区间 [1521，1681] 内，有 3 个孪生质数：

(1607，1609)，(1619，1621)，(1667，1669)。

在 87 与 89 的两个奇数的平方数之间，即在区间 [7569，7921] 内，有三个孪生质数：

(7589，7591)，(7757，7759)，(7877，7879)。

例 3，在 15 与 17 的两个奇数的平方数之间，即在区间 [225，289] 内，有四个孪生质数：

(227，229)，(239，241)，(269，271)，(281，283)。

在 37 与 39 的两个奇数的平方数之间，即在区间 [1369，1521] 内，有四个孪生质数：

(1427，1429)，(1451，1453)，(1481，1483)，(1487，1489)。

例 4，在 59 与 61 的两个奇数的平方数之间，即在区间 [3481，3721] 内，有 5 个孪生质数：

(3527，3529)，(3539，3541)，(3557，3559)，

(3581，3583)，(3671，3673)。

在 61 与 63 的两个奇数的平方数之间，即在区间 [3721，3969] 内，有 5 个孪生质数：

(3767，3769)，(3821，3823)，(3851，3853)，

(3917，3919)，(3929，3931)。

例 5，在 91 与 93 的两个奇数的平方数之间，即在区间 [8281，8649] 内，有 6 个孪生质数：

(8291，8293)，(8387，8389)，(8429，8431)，

(8537，8539)，(8597，8599)，(8627，8629)。

例 6，在 63 与 65 的两个奇数的平方数之间，即在区间 [3969，4225] 内，有 7 个孪生质数：

(4001，4003)，(4019，4021)，(4049，4051)，(4091，4093)，

(4127，4129)，(4157，4159)，(4217，4219)。

例 7，在 57 与 59 的两个奇数的平方数之间，即在区间 [3249，3481] 内，有 9 个孪生质数：

(3251，3253)，(3257，3259)，(3299，3301)，

(3329，3331)，(3359，3361)，(3371，3373)，

(3389，3391)，(3461，3463)，(3467，3469)。

例 8，在 337 与 339 的两个奇数的平方数之间，即在区间 [113569，114921] 内，有 11 个孪生质数：

(113621，113623)，(113717，113719)，(113759，113761)，

(113777，113779)，(114041，114043)，(114197，114199)，

(114599，114601)，(114641，114643)，(114659，114661)，

(114689，114691)，(114797，114799)。

…

由上述各例可见，两个相邻的奇数的平方数之间，孪生质数对是不能确

定的。对任意正整数 a，在区间 $[(2a-1)^2, (2a+1)^2]$ 内共有 $4a$ 个奇数，随 a 的增大区间内的奇数随着增加，但不是区间大的孪生质数一定比区间小的孪生质数多，从中可见孪生质数分布的无规律性，唯一的规律是：两个相邻的奇数的平方数之间最少有 2 个孪生质数。

由一个孪生质数含 2 个质数，得定理 3. 4. 4。

定理 3.4.4 对任意正整数 a，在区间 $[(2a-1)^2, (2a+1)^2]$ 内最少有 4 个质数。

即在两个奇数的平方数之间最少有 4 个质数。

例：在 3 与 5 的两个奇数的平方数之间，即在区间 [9，25] 内，依定理，区间内最少有 4 个质数。依质数表，区间内实际有 4 个质数。

在 5 与 7 的两个奇数的平方数之间，即在区间 [25，49] 内，依定理，区间内最少有 4 个质数。依质数表，区间内实际有 6 个质数。

在 3 与 5 的两个奇数的平方数之间，即在区间 [9，25] 内，依定理，区间内最少有 4 个质数。依质数表，区间内实际有 4 个质数。

在 11 与 13 的两个奇数的平方数之间，即在区间 [121，169] 内，依定理，区间内最少有 4 个质数。依质数表，区间内实际有 9 个质数。

观察区间：

$$\{[2x+1+2(2k-1)]^2, (2x+1+2k)^2\},$$

显然，对于给定的正整数 x，每一个确定的正整数 k，都代表一个相邻奇数的平方数区间，依定理 3. 4. 2，每一个区间最少有 2 个孪生质数。

设 y 为正整数，且 $x < y$，在上述表示区间的式子中令

$$k=1, 2, 3, \cdots, (y-x)$$

分别得到 $(y-x)$ 个区间

$$[(2x+1)^2, (2x+1+2)^2],$$

$$[(2x+1+2)^2, (2x+1+2\times 2)^2],$$

$$[(2x+1+2\times 2)^2, (2x+1+2\times 3)^2],$$

$$\cdots$$

$$[(2k-1)^2,\ (2y+1)^2],$$

注意到上述区间为首尾相同，其并集等于下面区间

$$[(2x+1)^2,\ (2y+1)^2],$$

由于上述 $(y-x)$ 个区间，每个区间最少有 2 个孪生质数，于是得到下面定理。

定理 3.4.5 对任意两个非负整数 x、$y(0 \leqslant x < y)$，在区间

$$[(2x+1)^2,\ (2y+1)^2]$$

内最少有 $2(y-x)$ 个孪生质数。

显然，当 $y=a$，$x=a-1$ 时，由定理 3.4.5 可得到定理 3.4.3。

下面用定理 3.4.5 来验证孪生质数表。

例 1：由 $x=0$，$y=4$ 得 $2x+1=1$、$2y+1=9$，区间为 [1，81]，依定理，区间内最少有 2(4-0)=8 个孪生质数。

依孪生质数表，区间内实际有 8 个孪生质数。

由 $x=0$，$y=7$ 得 $2x+1=1$，$2y+1=15$，区间为 [1，225]，依定理，区间内最少有 2(7-0)=14 个孪生质数。

依孪生质数表，区间内实际有 15 个孪生质数。

由 $x=0$，$y=10$ 得 $2x+1=1$，$2y+1=21$，区间为 [1，441]，依定理，区间内最少有 2(10-0)=20 个孪生质数。

依孪生质数表，区间内实际有 23 个孪生质数。

由 $x=0$，$y=13$ 得 $2x+1=1$，$2y+1=27$，区间为 [1，729]，依定理，区间内最少有 2(13-0)=26 个孪生质数。

依孪生质数表，区间内实际有 30 个孪生质数。

由 $x=0$，$y=16$ 得 $2x+1=1$，$2y+1=33$，区间为 [1，1089]，依定理，区间内最少有 2(16-0)=32 个孪生质数。

依孪生质数表，区间内实际有 39 个孪生质数。

由 $x=0$，$y=19$ 得 $2x+1=1$，$2y+1=39$，区间为 [1，1521]，依定理，区间内

最少有 2(19-0)=38 个孪生质数。

依孪生质数表，区间内实际有 50 个孪生质数。

由 x=0，y=22 得 2x+1=1，2y+1=45，区间为［1，2025］，依定理，区间内最少有 2(22-0)=44 个孪生质数。

依孪生质数表，区间内实际有 61 个孪生质数。

例 2：由 x=1，y=7 得 2x+1=3，2y+1=15，区间为［9，225］，依定理，区间内最少有 2(7-1)=12 个孪生质数。

依孪生质数表，区间内实际有 13 个孪生质数。

由 x=2，y=9 得 2x+1=5，2y+1=19，区间为［25，361］，依定理，区间内最少有 2(9-2)=14 个孪生质数。

依孪生质数表，实际有 17 个孪生质数。

由 x=3，y=12 得 2x+1=7，2y+1=25，区间为［49，625］，依定理，区间内最少有 2(12-3)=18 个孪生质数。

依孪生质数表，区间内实际有 22 个孪生质数。

由 x=3，y=13 得 2x+1=7，2y+1=27，区间为［49，729］，依定理，区间内最少有 2(13-3)=20 个孪生质数。

依孪生质数表，区间内实际有 24 个孪生质数。

由 x=3，y=14 得 2x+1=7，2y+1=29，区间为［49，841］，依定理，区间内最少有 2(14-3)=22 个孪生质数。

依孪生质数表，区间内实际有 27 个孪生质数。

由 x=4，y=14 得 2x+1=9，2y+1=29，区间为［81，841］，依定理，区间内最少有 2(14-4)=20 个孪生质数。

依孪生质数表，区间内实际有 25 个孪生质数。

由 x=5，y=14 得 2x+1=11，2y+1=29，区间为［121，841］，依定理，区间内最少有 2(14-5)=18 个孪生质数。

依孪生质数表，区间内实际有 23 个孪生质数。

由 x=6，y=15 得 2x+1=13，2y+1=31，区间为 [169，961]，依定理，区间内最少有 2(15-6)=18 个孪生质数。

依孪生质数表，区间内实际有 23 个孪生质数。

由 x=7，y=16 得 2x+1=15，2y+1=33，区间为 [225，1089]，依定理，区间内最少有 2(16-7)=18 个孪生质数。

依孪生质数表，区间内实际有 24 个孪生质数。

由 x=8，y=17 得 2x+1=17，2y+1=35，区间为 [289，1225]，依定理，区间内最少有 2(17-8)=18 个孪生质数。

依孪生质数表，区间内实际有 22 个孪生质数。

由一个孪生质数含 2 个质数，得：

定理 3.4.6 对任意两个非负整数 x、y($0 \leqslant x < y$)，在区间

$$[(2x+1)^2,\ (2y+1)^2]$$

内最少有 4(y-x) 个质数。

下面用此结论来验证质数表。

例，由 x=4，y=5 得 2x+1=9，2y+1=11，区间为 [81，121]，依定理，区间内最少有 4(5-4)=4 个质数。

依质数表，区间内实际有 8 个质数。

由 x=3，y=7 得 2x+1=7，2y+1=15，区间为 [49，225]，依定理，区间内最少有 4(7-3)=16 个质数。

依质数表，区间内实际有 33 个质数。

由 x=6，y=10 得 2x+1=13，2y+1=21，区间为 [169，441]，依定理，区间内最少有 4(10-6)=16 个质数。

依质数表，区间内实际有 46 个质数。

由 x=2，y=7 得 2x+1=5，2y+1=15，区间为 [25，225]，依定理，区间内最少有 4(7-2)=20 个质数。

依质数表，区间内实际有 40 个质数。

由 x=3，y=16 得 $2x$+1=7，$2y$+1=33，区间为[49，1089]，依定理，区间内最少有 4(16-3)=52 个质数。

依质数表，区间内实际有 156 个质数。

由 x=4，y=16 得 $2x$+1=9，$2y$+1=33，区间为[81，1089]，依定理，区间内最少有 4(16-4)=48 个质数。

依质数表，区间内实际有 139 个质数。

显然，定理 3.4.6 中当 x=0 时，即为 *CLZ* 分布定理：当 x=a-1，y=a 即为定理 3.4.3。

4　奇数列中的合数公式与质数、李生质数的分布

§4.1　奇合数公式与奇合数列通项公式

奇数 $2n+1$ 为合数的充要条件为

$$2n+1=(2x+1)(2y+1),$$

且正整数 x、y 需 $1 \leqslant x$，$1 \leqslant y$，由此得

$$2n+1=2(2x+1)y+(2x+1)。$$

对任意正整数 a，当 $1 \leqslant x \leqslant a$，$1 \leqslant y \leqslant a$，若令

$$y=m+x,$$

则

$$1 \leqslant x \leqslant a，0 \leqslant m \leqslant a-1。$$

由此得

$$\begin{aligned}2n+1&=2(2x+1)y+(2x+1)\\&=2(2x+1)(m+x)+(2x+1)\\&=2(2x+1)m+(2x+1)^2\end{aligned}$$

其中

$$1 \leqslant x \leqslant a，0 \leqslant m \leqslant a-1。$$

由此可知：对每一个给定的正整数 x，都对应着一个首项为 $(2x+1)^2$、公差为 $2(2x+1)$ 的等差数列。

如果我们用符号 $L_n(x)$ 表示正整数 x 对应的首项为 $(2x+1)^2$、公差为

$2(2x+1)$ 的等差数列，则有

$$L_n(x)=2(2x+1)(n-1)+(2x+1)^2$$

其中 $x=1, 2, 3 \cdots a$，$n=1, 2, 3, \cdots$。

当正整数 x 取值范围是 $1 \leqslant x \leqslant a$ 时，若此等差数列各项均在区间 $[1, (2a+1)^2]$ 上，则必须

$$2(2x+1)(n-1)+(2x+1)^2 \leqslant (2a+1)^2$$

由此得

$$(n-1) \leqslant [(2a+1)^2-(2x+1)^2] \div 2(2x+1)$$

因 $(n-1)$ 为非负整数，故 $(n-1)$ 的最大值为

$$[(2a+1)^2-(2x+1)^2] \div 2(2x+1)$$

的整数部分。

于是得到奇数中合数的分布定理 4.1.1。

定理 4.1.1 对于任意正整数 $a(a \geqslant 2)$，在区间 $[1, (2a+1)^2]$ 上为合数的奇数，是 $(n-1)$ 个不同阶数的等差数列 $L_n(x)$ 和一项 $(2a+1)^2$，等差数列 $L_n(x)$ 是

$$L_n(x)= 2(2x+1)n +(2x+1)^2,$$

$$x=1, 2, 3, \cdots, a$$

$$n=0, 1, 2, \cdots$$

$$\{[(2a+1)^2-(2x+1)^2] \div 2(2x+1)\}$$

其中 $\{[(2a+1)^2-(2x+1)^2] \div 2(2x+1)\}$ 取除式

$$\{[(2a+1)^2-(2x+1)^2] \div 2(2x+1)\}$$

的整数部分。

当 $x=a$ 时，$L_n(a)=(2a+1)^2$，$L_n(a)$ 不是数列。

定义： 奇数中的合数，简称为奇合数。

为叙述方便，我们把求区间 $[1, (2a+1)^2]$ 内奇合数的定理 4.1.1 简称为“奇合数列通项公式 $L_n(x)$”。

因为奇数中的合数都在奇合数等差数列中，又 a 为任意正整数，因此公式可称为含两个变量 x，n 的奇合数公式，于是有定理 4.1.2。

定理 4.1.2 奇数中的合数公式为

$$L(n, x)=2(2x+1)n+(2x+1)^2$$

$$x=1, 2, 3, \cdots$$

$$n=0, 1, 2, 3, \cdots$$

此定理简称为奇合数公式 $L(n, x)$。

“奇合数列通项公式” 与“奇合数公式”，形式和内容上是一样的，都是表示奇合数，但二者解决问题的对象不一样，“奇合数列通项公式” 研究对象为奇数集的构造规律，而“奇合数公式”研究对象为单个奇数，实质就是质数判定公式！

如果奇合数公式 $L(n, x)$ 中 $x=1, 2, 3, \cdots, a$，则为区间 $[1, (2a+1)^2]$ 上的奇合数等差数列。

对于任意正整数 $a(a \geqslant 2)$，在区间 $[1, (2a+1)^2]$ 上为合数的奇数，依定理 4.1.1，是 $(a-1)$ 个不同阶数的等差数列 $L_n(x)$ 和一项 $(2a+1)^2$。

例 1，当 $a=2$，区间 $[1, (2a+1)^2]=[1, 25]$ 上的奇数是

1 个奇合数等差数列 $L_n(x)$ 和一项 25，它们分别是

$$L_n(1)=6n+9,$$

$$n=0, 1, 2。$$

$$L_n(2)=10n+25, \quad n=0。$$

例 2，当 $a=3$，区间 $[1, (2a+1)^2]=[1, 49]$ 上为合数的奇数是 2 个不同阶数的奇合数等差数列 $L_n(x)$ 和一项 49，

它们分别是

$$L_n(1)=6n+9,$$

$$n=0, 1, 2, 3, 4, 5, 6。$$

$$L_n(2)=10n+25,$$

n=0，1，2。

$L_n(3)$=14n+49，n=0。

例 3，当 a=4，区间 [1，$(2a+1)^2$]=[1，81] 内为合数的奇数是 3 个不同阶数的奇合数等差数列 $L_n(x)$ 和一项 81。

它们分别是

$L_n(1)$=6n+9，

n=0，1，2，3，4，5，6，7，8，9，10，11，12。

$L_n(2)$=10n+25，

n=0，1，2，3，4，5。

$L_n(3)$=14n+49，

n=0，1，2。

$L_n(4)$=18n+81，n=0。

例 4，当 a=5，区间 [1，$(2a+1)^2$]=[1，121] 内为合数的奇数是 4 个不同阶数的奇合数等差数列 $L_n(x)$ 和一项 121。

它们分别是

$L_n(1)$=6n+9，

n=0，1，2，3，4，5，…，16，17，18。

$L_n(2)$=10n+25，

n=0，1，2，3，4，5，6，7，8，9。

$L_n(3)$=14n+49，

n=0，1，2，3，4，5。

$L_n(4)$=18n+81，

n=0，1，2。

$L_n(5)$=22n+121，n=0。

例 5，当 a=6，区间 [1，$(2a+1)^2$]=[1，169] 内为合数的奇数是 5 个不同阶数的奇合数等差数列 $L_n(x)$ 和一项 169。它们分别是

$L_n(1)=6n+9$，

$n=0$，1，2，3，4，5，…，24，25，26。

$L_n(2)=10n+25$，

$n=0$，1，2，3，4，5，…，12，13，14。

$L_n(3)=14n+49$，

$n=0$，1，2，3，4，5，6，7，8。

$L_n(4)=18n+81$，

$n=0$，1，2，3，4。

$L_n(5)=22n+121$，

$n=0$，1，2。

$L_n(6)=26n+169$，$n=0$。

例 6，当 $a=7$，区间 $[1，(2a+1)^2]=[1，225]$ 内为合数的奇数是 6 个不同阶数的奇合数等差数列 $L_n(x)$ 和一项 225，它们分别是：

$L_n(1)=6n+9$，

$n=0$，1，2，3，4，5，…，33，34，35，36。

$L_n(2)=10n+25$，

$n=0$，1，2，3，4，5，…，16，17，18，19，20。

$L_n(3)=14n+49$，

$n=0$，1，2，3，4，5，6，7，8，9，10，11，12，13，14。

$L_n(4)=18n+81$，

$n=0$，1，2，3，4，5，6，7，8。

$L_n(5)=22n+121$，

$n=0$，1，2，3，4。

$L_n(6)=26n+169$，

$n=0$，1，2。

$L_n(7)=30n+225$，$n=0$。

例 7，当 $a=8$，区间 $[1，(2a+1)^2]=[1，289]$ 内为合数的奇数是 7 个不同阶数的奇合数等差数列 $L_n(x)$ 和一项 289，它们分别是：

$L_n(1)=6n+9$，

$n=0，1，2，3，4，5，6，\cdots，43，44，45，46$。

$L_n(2)=10n+25$，

$n=0，1，2，3，4，5，\cdots，23，24，25，26$。

$L_n(3)=14n+49$，

$n=0，1，2，3，4，5，6，\cdots，15，16，17$。

$L_n(4)=18n+81$，

$n=0，1，2，3，4，5，6，7，8$。

$L_n(5)=22n+121$，

$n=0，1，2，3，4，5，6，7$。

$L_n(6)=26n+169$，

$n=0，1，2，3，4$。

$L_n(7)=30n+225$，

$n=0，1，2$。

$L_n(8)=34n+289$，$n=0$。

例 8，当 $a=9$，区间 $[1，(2a+1)^2]=[1，361]$ 内为合数的奇数是 8 个不同阶数的奇合数等差数列 $L_n(x)$ 和一项 289，它们分别是：

$L_n(1)=6n+9$，

$n=0，1，2，3，4，5，\cdots，56，57，58$。

$L_n(2)=10n+25$，

$n=0，1，2，3，4，5，\cdots，31，32，33$。

$L_n(3)=14n+49$，

$n=0，1，2，3，4，5，6，\cdots，19，20，21，22$。

$L_n(4)=18n+81$，

n=0，1，2，3，4，5，…，13，14，15。

$L_n(5)=22n+121$，

n=0，1，2，3，4，5，6，7，8，9，10。

$L_n(6)=26n+169$，

n=0，1，2，3，4，5，6，7。

$L_n(7)=30n+225$，

n=0，1，2，3，4。

$L_n(8)=34n+289$，

n=0，1，2。

$L_n(9)=38n+361$，

n=0。

例 9，当 a=10，区间 $[1, (2a+1)^2]=[1, 441]$ 内为合数的奇数是 9 个不同阶数的奇合数等差数列 $L_n(x)$ 和一项 289，它们分别是：

$L_n(1)=6n+9$，

n=0，1，2，3，4，5，6，…，68，69，70，71。

$L_n(2)=10n+25$，

n=0，1，2，3，4，…，37，38，39，40，41。

$L_n(3)=14n+49$，

n=0，1，2，3，4，5，…，25，26，27，28。

$L_n(4)=18n+81$，

n=0，1，2，3，4，5，6，…，17，18，19，20。

$L_n(5)=22n+121$，

n=0，1，2，3，4，5，6，7，8，9，10，11，12，13，14。

$L_n(6)=26n+169$，

n=0，1，2，3，4，5，6，7，8，9，10。

$L_n(7)=30n+225$，

n=0，1，2，3，4，5，6，7。

$L_n(8)=34n+289$，

n=0，1，2，3，4。

$L_n(9)=38n+361$，

n=0，1，2。

$L_n(10)=42n+441$，

n=0。

例 10，当 a=11，区间 $[1,\ (2a+1)^2]=[1,\ 529]$ 内为合数的奇数是 10 个不同阶数的奇合数等差数列 $L_n(x)$ 和一项 529，它们分别是：

$L_n(1)=6n+9$，

n=0，1，2，3，4，5，6，…，83，84，85，86。

$L_n(2)=10n+25$，

n=0，1，2，3，4，…，46，47，48，49，50。

$L_n(3)=14n+49$，

n=0，1，2，3，4，5，…，32，33，34。

$L_n(4)=18n+81$，

n=0，1，2，3，4，5，6，…，22，23，24。

$L_n(5)=22n+121$，

n=0，1，2，3，4，5，…，16，17，18。

$L_n(6)=26n+169$，

n=0，1，2，3，4，…，11，12，13。

$L_n(7)=30n+225$，

n=0，1，2，3，4，5，6，7，8，9，10。

$L_n(8)=34n+289$，

n=0，1，2，3，4，5，6，7。

$L_n(9)=38n+361$，

n=0，1，2，3，4。

$L_n(10)$=42n+441，

n=0，1，2。

$L_n(11)$=46n+529，

n=0。

利用此定理可以准确地求出区间 [1，$(2a+1)^2$] 内为合数的奇数。

对于任意正整数 $a(a \geqslant 2)$，依引理 1.1.1，在区间 [1，$(2a+1)^2$] 内的奇数共 $2(a^2+a)+1$ 个，而在区间 [1，$(2a+1)^2$] 内为合数的奇数，是 $a-1$ 个不同阶数的等差数列 $L_n(x)$ 和一项 $(2a+1)^2$，从上面的例子可以知道，奇合数等差数列中的奇合数，多于这区间 [1.$(2a+1)^2$] 内为合数的奇数。依区间 [1，$(2a+1)^2$] 内的奇数只有质数与合数两类，因此，知道区间 [1，$(2a+1)^2$] 内有多少个合数也就知道其中有多少个质数。

§4.2 用奇合数列通项公式求质数和孪生质数

下面用奇合数列通项公式，求奇数列中的合数、质数和孪生质数。

例 1，求区间 [1，11^2] 内为合数的奇数，质数和孪生质数。

解：因 $11^2=(2\times5+1)^2$，故正整数 $a=5$。

依定理 4，1，1，为合数的奇数是 4 个不同阶数的奇合数数列和 121。

由奇合数数列 $L_n(1)=6n+9$，得为合数的奇数数列：

9，15，21，27，33，39，45，51，57，63，

69，75，81，87，93，99，105，111，117。

由奇合数数列 $L_n(2)=10n+25$，得为合数的奇数数列：

25，35，45，55，65，75，85，95，105，115。

由等差数列 $L_n(3)=14n+49$，得为合数的奇数数列：

49，63，77，91，105，119。

由等差数列 $L_n(4)=18n+81$，得为合数的奇数数列：

81，99，117。

由等差数列 $L_n(5)=121$，$n=0$，得合数 121。

在上述四个等差数列中，有重复的合数，凡相同合数只取一个，即可得到此区间的全体合数。

9，15，21，25，27，33，35，39，45，49，51，55，57，63，65，

69，75，77，81，85，87，91，93，95，99，105，111，115，117，

119，121。

依在区间 [1，11^2] 内不为合数的奇数就是质数，利用此区间的全体合数，得区间 [1，11^2] 内的 29 个质数：

3，5，7，11，13，17，19，23，29，31，37，41，43，47，53，59，61，67，71，73，79，83，89，97，101，103，107，109，113。

由 $[1,\ 11^2]=[1,\ (2\times5+1)^2]$，得 $a=5$，依质数分布定理

$\pi(2a+1)^2\geqslant 4a$，得

$$\pi(11^2)\geqslant 20,$$

即区间 $[1,\ 11^2]$ 内的质数最少有 20 个，说明质数分布定理正确。

依两相邻奇数为质数时即为孪生质数，利用区间 $[1,\ 11^2]$ 内质数，得区间 $[1,\ 11^2]$ 内 10 个孪生质数：

(3，5)，(5，7)，(11，13)，(17，19)，(29，31)，(41，43)，(59，61)，(71，73)，(101，103)，(107，109)。

由 $[1,\ 11^2]=[1,\ (2\times5+1)^2]$，得 $a=5$，依孪生质数分布定理

$Z(2a+1)^2\geqslant 2a$，得

$$Z(11^2)\geqslant 10,$$

即区间 $[1,\ 11^2]$ 内的孪生质数最少有 10 个，说明孪生质数分布定理正确。

例 2，求区间 $[1,\ 15^2]$ 内为合数的奇数，质数和孪生质数。

解：因 $15^2=(2\times7+1)^2$，故正整数 $a=7$。依定理 4，1，1，为合数的奇数是 6 个不同阶数的奇合数等差数列和 225。

由奇合数等差数列 $L_n(1)=6n+9$，得为合数的奇数数列：

9，15，21，27，33，39，45，51，57，63，69，75，81，87，93，99，105，111，117，123，129，135，141，147，153，159，165，171，177，183，189，195，201，207，213，219，225。

由奇合数等差数列 $L_n(2)=10n+25$，得为合数的奇数数列：

25，35，45，55，65，75，85，95，105，115，125，135，145，155，165，175，185，195，205，215，225。

由奇合数等差数列 $L_n(3)=14n+49$，得为合数的奇数数列：

49，63，77，91，105，119，133，147，161，175，189，203，217，

231，245，175，185，195，205，215，225。

由奇合数等差数列 $L_n(4)=18n+81$，得为合数的奇数数列：

81，99，117，135，153，171，189，207，225。

由奇合数等差数列 $L_n(5)=22n+121$，得为合数的奇数数列：

121，143，165，187，209。

由奇合数等差数列 $L_n(6)=26n+169$，得为合数的奇数数列：

169，291，213。

由奇合数等差数列 $L_n(7)=30n+225$，$n=0$。

在上述六个奇合数等差数列中，有重复的合数，凡相同合数只取一个，即可得到此区间的全体合数。

依在区间 $[1,\ 15^2]$ 上不为合数的奇数就是质数，利用此区间的全体合数，得区间 $[1,\ 15^2]$ 上 47 个质数：

3，5，7，11，13，17，19，23，29，31，37，41，43，47，53，59，
61，67，71，73，79，83，89，97，101，103，107，109，113，127，
131，137，139，149，151，157，163，167，173，179，181，191，
193，197，199，211，223。

由 $[1,\ 15^2]=[1,\ (2\times7+1)^2]$，得 $a=7$，依质数分布定理

$\pi(2a+1)^2\geqslant 4a$，得

$$\pi(15^2)\geqslant 28,$$

即区间 $[1,\ 15^2]$ 上的质数最少有 28 个，说明质数分布定理正确。

依两相邻奇数为质数时即为孪生质数，利用区间 $[1,\ 15^2]$ 上质数，得区间 $[1,\ 15^2]$ 上 14 个孪生质数：

(3，5)，(5，7)，(11，13)，(17，19)，(29，31)，(41，43)，
(59，61)，(71，73)，(101，103)，(107，109)，(137，139)，
(149，151)，(179，181)，(197，199)。

由 $[1,\ 15^2]=[1,\ (2\times7+1)^2]$，得 $a=7$，依孪生质数分布定理

$Z(2a+1)^2 \geqslant 2a$，得

$$Z(15^2) \geqslant 14,$$

即区间 $[1, 15^2]$ 内的孪生质数最少有 14 个，说明孪生质数分布定理正确。

由上面例子可以看出，合数的奇数的公式中有许多合数是重合的，如

公式 $L_n(4)=18n+81$ 中的元素，都在公式 $L_n(1)=6n+9$ 中。

公式 $L_n(7)=30n+225$ 中的元素，都在公式 $L_n(2)=10n+25$ 中。

公式 $L_n(10)=42n+441$ 中的元素，都在公式 $L_n(3)=14n+49$ 中。

公式 $L_n(16)=66n+1089$ 中的元素，都在公式 $L_n(5)=22n+121$ 中。

公式 $L_n(19)=78n+1521$ 中的元素，都在公式 $L_n(6)=26n+169$ 中。

公式 $L_n(25)=102n+2601$ 中的元素，都在公式 $L_n(8)=34n+289$ 中。

…

因此，如果利用上述关系就可减少求重复的奇合数。比如求区间 $[1, 15^2]$ 内的奇合数，质数和孪生质数时，可以省去求等差数列公式 $18n+81$ 中的合数。

例 3，求区间 $[1, 25^2]$ 内为合数的奇数，质数和孪生质数。

解：因 $25^2=(2\times12+1)^2$，故正整数 $a=12$。

只需求五个奇合数数列中的合数。

奇合数等差数列 $L_n(1)=6n+9$ 中的合数：

9，15，21，27，33，39，45，51，57，63，69，75，81，87，93，

99，105，111，117，123，129，135，141，147，153，159，165，

171，177，183，189，195，201，207，213，219，225，231，237，

243，249，255，261，267，273，279，285，291，297，303，309，

315，321，327，333，339，345，351，357，363，369，375，381，

387，393，399，405，411，417，423，429，435，441，447，453，

459，465，471，477，483，489，495，501，507，513，519，525，

531，537，543，549，555，561，567，573，579，585，591，597，

593，599，605，611，617，623。

奇合数等差数列 $L_n(2)=10n+25$ 中的合数：

25，35，45，55，65，75，85，95，105，115，125，135，145，155，165，175，185，195，205，215，225，235，245，255，265，275，285，295，305，315，325，335，345，355，365，375，385，395，405，415，425，435，445，455，465，475，485，495，505，515，525，535，545，555，565，575，585，595，605，615，625。

奇合数等差数列 $L_n(3)=14n+49$ 中的合数：

49，63，77，91，105，119，133，147，161，175，189，203，217，231，245，259，273，287，301，315，329，343，357，371，385，399，413，427，441，455，469，483，497，511，525，539，553，567，581，595，609，613。

奇合数等差数列 $L_n(5)=22n+121$ 中的合数：

121，143，165，187，209，231，253，275，297，319，341，363，385，407，429，451，473，495，517，539，561，583，605。

奇合数等差数列 $L_n(6)=26n+169$ 中的合数：

169，195，221，247，273，299，325，351，377，403，429，455，481，507，533，559，585，611。

奇合数等差数列 $L_n(8)=34n+289$ 中的合数：

289，323，357，391，425，459，493，527，561，595。

奇合数等差数列 $L_n(9)=38n+361$ 中的合数：

361，399，437，475，513，551，589。

奇合数等差数列 $L_n(11)=46n+529$ 中的合数：

529，575，621。

奇合数等差数列 $L_n(14)=58n+841$ 中的合数：

空集。

将区间 $[1, 25^2]$ 上的奇数去掉上述合数，得区间 $[1, 25^2]$ 上的 113 个质数

3，5，7，11，13，17，19，23，29，31，37，41，43，47，53，59，

61，67，71，73，79，83，89，97，101，103，107，109，113，127，

131，137，139，149，151，157，163，167，173，179，181，191，

193，197，199，211，223，227，229，233，239，241，251，257，

263，269，271，277，281，283，293，307，311，313，317，331，

337，347， 349，353，359，367，373，379，383， 389，397，401，

409，419，421，431，433，439，443，449，457，461，463，467，

479，487，491，499，503，509，521，523，541，547，557，563，

569，571，577，587，593，599， 601，607，613，617，619。

由 $[1，25^2]=[1，(2\times12+1)^2]$，得 $a=12$，依质数分布定理

$\pi(2a+1)^2 \geqslant 4a$，得

$$\pi(15^2) \geqslant 48,$$

即区间 $[1，25^2]$ 内的质数最少有 48 个，说明质数分布定理正确。

依两相邻奇数为质数时即为孪生质数，利用区间 $[1，25^2]$ 内质数，得区间 $[1，25^2]$ 内 28 个孪生质数：

(3，5)，(5，7)，(11，13)，(17，19)，(29，31)，(41，43)，

(59，61)，(71，73)，(101，103)，(107，109)，(137，139)，

(149，151)，(179，181)，(191，193)，(197，199)，(227，229)，

(239，241)，(269，271)，(281，283)，(311，313)，(347，349)，

(419，421)，(431，433)，(461，463)，(521，523)，(569，571)，

(599，601)，(617，619)。

由 $[1，25^2]=[1，(2\times12+1)^2]$，得 $a=12$，依孪生质数分布定理 $Z(2a+1)^2 \geqslant 2a$，得

$$Z(2a+1)^2 \geqslant 24,$$

即区间 $[1，25^2]$ 内的孪生质数最少有 24 个，说明孪生质数分布定理正确。

例 4，求区间 [1，27^2] 内为合数的奇数，质数和孪生质数。

解：因 $27^2=(2\times13+1)^2$，故正整数 a=13。

奇合数等差数列 $L_n(1)=6n+9$ 中的合数：

9，15，21，27，33，39，45，51，57，63，69，75，81，87，93，99，105，111，117，123，129，135，141，147，153，159，165，171，177，183，189，195，201，207，213，219，225，231，237，243，249，255，261，267，273，279，285，291，297，303，309，315，321，327，333，339，345，351，357，363，369，375，381，387，393，399，405，411，417，423，429，435，441，447，453，459，465，471，477，483，489，495，501，507，513，519，525，531，537，543，549，555，561，567，573，579，585，591，597，593，599，605，611，617，623，629，635，641，647，653，659，665，671，677，683，689，695，701，707，713，719，725。

奇合数等差数列 $L_n(2)=10n+25$ 中的合数：

25，35，45，55，65，75，85，95，105，115，125，135，145，155，165，175，185，195，205，215，225，235，245，255，265，275，285，295，305，315，325，335，345，355，365，375，385，395，405，415，425，435，445，455，465，475，485，495，505，515，525，535，545，555，565，575，585，595，605，615，625，635，645，655，665，675，685，695，705，715，725。

奇合数等差数列 $L_n(3)=14n+49$ 中的合数：

49，63，77，91，105，119，133，147，161，175，189，203，217，231，245，259，273，287，301，315，329，343，357，371，385，399，413，427，441，455，469，483，497，511，525，539，553，567，581，595，609，613，627，641，655，669，683，697，711，725。

奇合数等差数列 $L_n(5)=22n+121$ 中的合数：

121，143，165，187，209，231，253，275，297，319，341，363，385，407，429，451，473，495，517，539，561，583，605，627，649，671，693，715。

奇合数等差数列 $L_n(6)=26n+169$ 中的合数：

169，195，221，247，273，299，325，351，377，403，429，455，481，507，533，559，585，611，637，663，689，715。

奇合数等差数列 $L_n(8)=34n+289$ 中的合数：

289，323，357，391，425，459，493，527，561，595，629，663，697，391。

奇合数等差数列 $L_n(9)=38n+361$ 中的合数：

361，399，437，475，513，551，589，627，665，703。

奇合数等差数列 $L_n(11)=46n+529$ 中的合数：

529，575，621，667，713。

奇合数等差数列 (14)=58n+841 中的合数：

空集。

将区间 [1，27^2] 内的奇数去掉上述合数，得区间 [1，27^2] 内的 128 个质数：

3，5，7，11，13，17，19，23，29，31，37，41，43，47，53，59，61，67，71，73，79，83，89，97，101，103，107，109，113。127，131，137，139，149，151，157，163，167，173，179，181，191，193，197，199，211，223，227，229，233，239，241，251，257，263，269，271，277，281，283，293，307，311，313，317，331，337，347，349，353，359，367，373，379，383，389，397，401，409，419，421，431，433，439，443，449，457，461，463，467，479，487，491，499，503，509，521，523，541，547，557，563，

569，571，577，587，593，599，601，607，613，617，619，631，641，643，647，653，659，661，673，677，683，691，701，709，719，727。

由 $[1,\ 27^2]=[1,\ (2\times13+1)^2]$，得 $a=13$，依质数分布定理 $\pi(2a+1)^2\geqslant 4a$，得

$$\pi(27^2)\geqslant 52,$$

即区间 $[1,\ 27^2]$ 内的质数最少有 52 个，说明质数分布定理正确。

依两相邻奇数为质数时即为孪生质数，利用区间 $[1,\ 25^2]$ 内质数，得区间 $[1,\ 27^2]$ 内 30 个孪生质数：

(3，5)，(5，7)，(11，13)，(17，19)，(29，31)，(41，43)，(59，61)，(71，73)，(101，103)，(107，109)，(137，139)，(149，151)，(179，181)，(191，193)，(197，199)，(227，229)，(239，241)，(269，271)，(281，283)，(311，313)，(347，349)，(419，421)，(431，433)，(461，463)，(521，523)，(569，571)，(599，601)，(617，619)，(641，643)，(659，661)。

由 $[1,\ 27^2]=[1,\ (2\times13+1)^2]$，得 $a=13$，依孪生质数分布定理 $Z(2a+1)^2\geqslant 2a$，得

$$Z(27^2)\geqslant 26,$$

即区间内的孪生质数最少有 26 个，说明孪生质数分布定理正确。

§4.3 求区间 $[(2x+1)^2, (2y+1)^2]$ 中的质数和孪生质数

设 $(2x+1)$ 为质数，奇合数 $(2y+1)$ 能被 $(2x+1)$ 整除，奇合数等差数列 $L_n(y)$ 中的合数为

$$L_n(y)=2(2y+1)m+(2y+1)^2,$$

令

$$2(2x+1)n+(2x+1)^2=2(2y+1)m+(2y+1)^2,$$

整理得

$$n=[2(2y+1)m+(2y+1)^2-(2x+1)^2]\div 2(2x+1),$$

依 $(2y+1)$ 能被 $(2x+1)$ 整除和 $[2(2y+1)m+(2y+1)^2-(2x+1)^2]$ 能被 2 整除，故不论 m 为何整数，n 必为正整数，即奇合数等差数列 $L_n(y)$ 中的合数全在奇合数等差数列 $L_n(x)$ 中

$$L_n(y)=2(2x+1)m+(2x+1)^2。$$

由此得到定理 4.3.1。

定理 4.3.1 用奇合数等差数列求奇数中的合数，只需用奇合数等差数列

$$L_n(x)=2(2x+1)n+(2x+1)^2,$$

其中，$(2x+1)$ 为质数的数列。

由质数

$$(2x+1)=3，5，7，11，13，17，19，23，29，$$
$$31，37，41，43，47，53，\cdots$$

对应的 x 为

1，2，3，5，6，8，9，11，14，15，18，20，21，23，26，…

对应的奇合数等差数列为

$L_n(1)=6n+9$；$L_n(2)=10n+25$；$L_n(3)=14n+49$；$L_n(5)=22n+121$；

$L_n(6)=26n+169$；$L_n(8)=34n+289$；$L_n(9)=38n+361$；$L_n(11)=46n+529$；

$L_n(14)=58n+841$；$L_n(15)=62n+961$；$L_n(18)=74n+1369$；

$L_n(20)=82n+1681$；$L_n(21)=86n+1849$；$L_n(23)=94n+2209$；

$L_n(26)=106n+2809$；

显然有：

求小于 25 内的合数，只要 1 个公式（理论上要 1 个）：

求小于 49 内的合数，只要 2 个公式（理论上要 2 个）：

求小于 121 内的合数，只要 3 个公式（理论上要 4 个）：

求小于 169 内的合数，只要 4 个公式（理论上要 5 个）：

求小于 289 内的合数，只要 5 个公式（理论上要 7 个）：

求小于 361 内的合数，只要 6 个公式（理论上要 8 个）：

求小于 529 内的合数，只要 7 个公式（理论上要 10 个）。

下面用奇合数等差数列，求两奇数的平方数区间

$$[(2x+1)^2,\ (2y+1)^2]$$

中的奇合数、质数和孪生质数。

下面首先求 $x=0$，$y=a$ 的区间，即求区间 $[1,\ (2a+1)^2]$ 上的奇合数、质数和孪生质数。

例 1，求区间内的质数和孪生质数。

解：因 $17^2=(2\times8+1)^2$，故正整数 $a=8$。

只需求出五个奇合数等差数列中的合数。

奇合数等差数列 $L_n(1)=6n+9$ 中的合数：

9，15，21，27，33，39，45，51，57，63，69，75，81，87，93，99，

105，111，117，123，129，135，141，147，153，159，165，171，

177，183，189，195，201，207，213，219，225，231，237，243，

249，255，261，267，273，279，285。

奇合数等差数列 $L_n(2)=10n+25$ 中的合数：

25，35，45，55，65，75，85，95，105，115，

125，135，145，155，165，175，185，195，

205，215，225，235，245，255，265，275，285。

奇合数等差数列 $L_n(3)=14n+49$ 中的合数：

49，63，77，91，105，119，133，147，161，

175，189，203，217，231，245，259，273。

奇合数等差数列 $L_n(5)=22n+121$ 中的合数：

121，143，165，187，209，231，253，275。

奇合数等差数列 $L_n(6)=26n+169$ 中的合数：

169，195，221，247，273。

奇合数等差数列 $L_n(8)=34n+289$ 中的合数：289。

将区间 $[1,17^2]$ 内的奇数去掉上述合数，得区间 $[1,17^2]$ 内的60个质数：

3，5，7，11，13，17，19，23，29，31，37，41，43，

47，53，59，61，67，71，73，79，83，89，97，101，

103，107， 109，113，127，131，137，139，149，151，

157，163，167，173，179，181，191，193，197，199，

211，223，227，229，233，239，241，251，257，263，

269，271，277，281，283。

由 $[1,17^2]=[1,(2\times8+1)^2]$，得 $a=8$，依质数分布定理 $\pi(2a+1)^2\geqslant 4a$，得

$$\pi(17^2)\geqslant 32,$$

即区间 $[1,25^2]$ 内的质数最少有 48 个，说明质数分布定理正确。

依两相邻奇数为质数时即为孪生质数，利用区间 $[1,17^2]$ 内质数，得区间 $[1,17^2]$ 内 18 个孪生质数：

(3，5)，(5，7)，(11，13)，(17，19)，(29，31)，(41，43)，

(59，61)，(71，73)，(101，103)，107，109)，(137，139)，

(149，151)，(179，181)，(197，199)，(227，229)，(239，241)，(269，271)，(281，283)。

由 [1，17^2]=[1，$(2\times8+1)^2$]，得 a=8，依孪生质数分布定理

$Z(2a+1)^2 \geqslant 2a$，得

$$Z(17^2) \geqslant 16,$$

即区间内 [1，17^2] 的孪生质数最少有 16 个，说明孪生质数分布定理正确。

例 2，求区间 [1，21^2] 上为的质数和孪生质数。

解：因 $21^2=(2\times10+1)^2$，故正整数 a=10。

先用奇合数等差数列求出区间 [1，21^2] 上的合数。

奇合数等差数列 $L_n(1)=6n+9$ 中的合数：

9，15，21，27，33，39，45，51，57，63，69，75，81，87，93，99，105，111，117，123，129，135，141，147，153，159，165，171，177，183，189，195，201，207，213，219，225，231，237，243，249，255，261，267，273，279，285，291，297，303，309，315，321，327，333，339，345，351，357，363，369，375，381，387，393，399，405，411，417，423，429，435，441。

奇合数等差数列 $L_n(2)=10n+25$ 中的合数：

25，35，45，55，65，75，85，95，105，115，125，135，145，155，165，175，185，195，205，215，225，235，245，255，265，275，285，295，305，315，325，335，345，355，365，375，385，395，405，415，425，435。

奇合数等差数列 $L_n(3)=14n+49$ 中的合数：

49，63，77，91，105，119，133，147，161，175，189，203，217，231，245，259，273，287，301，315，329，343，357，371，385，399，413，427。

奇合数等差数列 $L_n(5)=22n+121$ 中的合数：

121，143，165，187，209，231，253，275，

297，319，341，363，385，407，429。

奇合数等差数列 $L_n(6)=26n+169$ 中的合数：

169，195，221，247，273，299，325，351，377，403，429。

奇合数等差数列 (8)=$34n+289$ 中的合数：

289，323，357，391，425。

奇合数等差数列 $L_n(9)=38n+361$ 中的合数：

361，399，437。

奇合数等差数列 $L_n(9)=46n+529$ 中的合数：

得为合数的奇数为空集。

将区间 $[1,\ 21^2]$ 内的奇数去掉上述合数，得区间 $[1,\ 17^2]$ 上的 84 个质数：

3，5，7，11，13，17，19，23，29，31，37，41，43，

47，53，59，61，67，71，73，79，83，89，97，101，

103，107，109，113，127，131，137，139，149，151，

157，163，167，173，179，181，191，193，197，199，

211，223，227，229，233，239，241，251，257，263，

269，271，277，281，283，293，307，311，313，317，

331，337，347，349，353，359，367，373，379，383，

389，397，401，409，419，421，431，433，439。

由 $[1,\ 21^2]=[1,\ (2\times10+1)^2]$，得 $a=10$，依质数分布定理 $\pi(2a+1)^2 \geqslant 4a$，得

$$\pi(21^2) \geqslant 40,$$

即区间内 $[1,\ 25^2]$ 的质数最少有 40 个，说明质数分布定理正确。

依两相邻奇数为质数时即为孪生质数，利用区间 $[1,\ 21^2]$ 内质数，得区间 $[1,\ 21^2]$ 内 23 个孪生质数：

(3，5)，(5，7)，(11，13)，(17，19)，(29，31)，(41，43)，

(59，61)，(71，73)，(101，103)， (107，109)，(137，139)，

(149，151)，(179，181)，(191，193)，(197，199)，(227，229)，

(239，241)，(269，271)，(281，283)，(311，313)，(347，349)，

(419，421)，(431，433)。

由 $[1,\ 21^2]=[1,\ (2\times10+1)^2]$，得 $a=10$，依孪生质数分布定理 $Z(2a+1)^2 \geqslant 2a$，得

$$Z(21^2) \geqslant 20,$$

即区间内 $[1,\ 21^2]$ 的孪生质数最少有 20 个，说明孪生质数分布定理正确。

例 3，求区间 [81，225] 中的质数和孪生质数。

解：求奇合数等差数列 $L_n(1)=6n+9$ 中的合数：

由

$$81 \leqslant 6n+9 \leqslant 225,$$

得

n=12，13，14，15，16，17，18，19，20，21，22，23，24，
25，26，27，28，29，30，31，32，33，34，35，36。

其对应的合数分别是

81，87，93，99，105，111，117，123，129，135，141，147，153，
159，165，171，177，183，189，195，201，207，213，219，225。

求奇合数等差数列 $L_n(2)=10n+25$ 中的合数：

由

$$81 \leqslant 10n+25 \leqslant 225,$$

得

n=6，7，8，9，10，11，12，13，14，15，16，17，18，19，20。

其对应的合数分别是

85，95，105，115，125，135，145，155，165，175，185，195，205，
215，225，

求奇合数等差数列 $L_n(3)=14n+49$ 中的合数：

由

$$81 \leqslant 14n+49 \leqslant 225,$$

得

$$n=3, 4, 5, 6, 7, 8, 9, 10, 11, 12。$$

其对应的合数分别是

$$91, 105, 119, 133, 147, 161, 175, 189, 203, 217。$$

求奇合数等差数列 $L_n(5)=22n+12$ 中的合数：

由

$$81 \leqslant 22n+121 \leqslant 225,$$

得

$$n=0, 1, 2, 3, 4。$$

其对应的合数分别是

$$121, 143, 165, 187, 209。$$

求奇合数等差数列 $L_n(6)=26n+169$ 中的合数：

由

$$81 \leqslant 26n+169 \leqslant 225$$

得

$$n=0, 1, 2。$$

其对应的合数分别是

$$169, 195, 221。$$

求奇合数等差数列 $(8)=34n+289$ 中的合数：

由

$$81 \leqslant 34n+289 \leqslant 225,$$

得

$$n=0。$$

其对应的合数分别是空集。

将区间［81，225］中的上述奇合数去掉，得此区间不是合数的奇数，即区间［81，225］中的 26 个质数：

83，89，97，101，103，107，109，113，127，

131，137，139，149，151，157，163，167，

173，179，181，191，193，197，199，211，223。

由［81，225］=［$(2\times4+1)^2$，$(2\times7+1)^2$］得 x=4，y=7，依质数分布定理，区间［81，225］内最少有 $4(y-x)$=12 个孪生质数，说明质数分布定理正确。

依两相邻奇数为质数时即为孪生质数，利用区间［81，225］内质数，得区间［81，225］内 7 个孪生质数：

（101，103），（107，109），（137，139），（149，151），

（179，181），（191，193），（197，199）。

由［81，225］=［$(2\times4+1)^2$，$(2\times7+1)^2$］得 x=4，y=7，依孪生质数分布定理，区间［81，225］内最少有 $2(y-x)$=6 个孪生质数，说明孪生质数分布定理正确。

例 4，求区间［441，625］中的质数和孪生质数。

解：求奇合数等差数列 $L_n(1)=6n+9$ 中的合数：

由

$$441\leqslant 6n+9\leqslant 625,$$

得

n=72，73，74，75，76，77，78，79，80，81，82，83，84，85，86，87，88，89，90，91，92，93，94，95，96，97，98，99，100，101，102。

其对应的合数分别是：

441，447，453，459，465，471，477，483，489，495，501，507，513，519，525，531，537，543，549，555，561，567，573，579，585，591，597，603，609，615，621。

求奇合数等差数列 $L_n(2)=10n+25$ 中的合数：

由

$$441 \leqslant 10n+25 \leqslant 625,$$

得

$$n=42，43，44，45，46，47，48，49，50，51，$$
$$52，53，54，55，56，57，58，59，60。$$

其对应的合数分别是

445，455，465，475，485，495，505，515，525，535，

545，555，565，575，585，595，605，615，625。

求奇合数等差数列 $L_n(3)=14n+49$ 中的合数：

由

$$441 \leqslant 14n+49 \leqslant 625,$$

得

$n=28$，29，30，31，32，33，34，35，36，37，38，39，40，41。

其对应的合数分别是

441，455，469，483，497，511，525，

539，553，567，581，595，609，623。

求奇合数等差数列 $L_n(5)=22n+12$ 中的合数：

由

$$441 \leqslant 22n+121 \leqslant 625,$$

得

$$n=15，16，17，18，19，20，21，22。$$

其对应的合数分别是

451，473，495，517，539，561，583，605。

求奇合数等差数列 $L_n(6)=26n+169$ 中的合数：

由

$$441 \leqslant 26n+169 \leqslant 625$$

得

$$n=11，12，13，14，15，16，17。$$

其对应的合数分别是

455，481，507，533，559，585，611。

求奇合数等差数列 $L_n(8)=34n+289$ 中的合数：

由

$$441 \leqslant 34n+289 \leqslant 625，$$

得

$$n=5，6，7，8，9。$$

其对应的合数分别是

459，493，527，561，595。

求奇合数等差数列 $L_n(9)=38n+361$ 中的合数：

由

$$441 \leqslant 38n+361 \leqslant 625，$$

得

$$n=3，4，5，6。$$

其对应的合数分别是

475，513，551，589。

求奇合数等差数列 $L_n(11)=46n+841$ 中的合数：

由

$$441 \leqslant 46n+841 \leqslant 625，$$

得对应的合数是空集。

将区间 [441，625] 中的上述合数去掉，得此区间不是合数的奇数，即区间 [441，625] 中的 30 个质数：

443，449，457，461，463，467，479，487，491，499，

503，509，521，523，541，547，557，563，569，571，

577，587，593，599，601，607，613，617，619，631。

由 [441，625]=[$(2\times10+1)^2$，$(2\times12+1)^2$] 得 x=10，y=12，依孪生质数分布定理，区间 [441，625] 内最少有 $4(y-x)$=8 个孪生质数，说明孪生质数分布定理正确。

依两相邻奇数为质数时即为孪生质数，利用区间 [441，625] 内质数，得区间 [441，625] 内 5 个孪生质数：

(461，463)，(521，523)，(569，571)，(599，601)，(617，619)。

由 [441，625]=[$(2\times10+1)^2$，$(2\times12+1)^2$] 得 x=10，y=12，依孪生质数分布定理，区间 [441，625] 内最少有 $2(y-x)$=4 个孪生质数，说明孪生质数分布定理正确。

例 5，求区间 [1681，1849] 中的质数和孪生质数。

解：先用奇合数等差数列求出合数，再依次求质数，孪生质数。

求奇合数等差数列 $L_n(1)=6n+9$ 中的合数：

由

$$1681 \leqslant 6n+9 \leqslant 1849,$$

得

n=279，280，281，282，283，284，285，286，287，288，

289，290，291，292，293，294，295，296，297，

298，299，300，301，302，303，04，305，306。

其对应的合数分别是

1683，1689，1695，1701，1707，1713，1719，1725，1731，1737，

1743，1749，1755，1761，1767，1773，1779，1785，1791，1797，

1803，1809，1815，1821，1827，1833，1839，1845。

求奇合数等差数列 $L_n(2)=10n+25$ 中的合数：

由

$$1681 \leqslant 10n+25 \leqslant 1849,$$

得

n=166，167，168，169，170，171，172，173，174，
175，176，177，178，179，180，181，182。

其对应的合数分别是

1685，1695，1705，1715，1725，1735，1745，1755，1765，
1775，1785，1795，1805，1815，1825，1835，1845。

求奇合数等差数列 $L_n(3)=14n+49$ 中的合数：

由

$$1681 \leqslant 14n+49 \leqslant 1849,$$

得

n=117，118，119，120，121，122，
123，124，125，126，127，128。

其对应的合数分别是

1687，1701，1715，1729，1743，1757，
1771，1785，1799，1813，1827，1841。

求奇合数等差数列 $L_n(5)=22n+12$ 中的合数：

由

$$1681 \leqslant 22n+121 \leqslant 1849,$$

得

n=71，72，73，74，75，76，77，78。

其对应的合数分别是

1683，1705，1727，1749，1771，1793，1815，1837。

求奇合数等差数列 $L_n(6)=26n+169$ 中的合数：

由

$$1681 \leqslant 26n+169 \leqslant 1849$$

得

$$n=59，60，61，62，63，64。$$

其对应的合数分别是

1703，1729，1755，1781，1807，1833，

求奇合数等差数列 $L_n(8)=34n+289$ 中的合数：

由

$$1681 \leqslant 34n+289 \leqslant 1849,$$

得

$$n=41，42，43，44，45。$$

其对应的合数分别是

1683，1717，1751，1785，1819。

求奇合数等差数列 $L_n(9)=38n+361$ 中的合数：

由

$$1681 \leqslant 38n+361 \leqslant 1849,$$

得

$$n=35，36，37，38，39。$$

其对应的合数分别是

1691，1729，1767，1805，1843。

求奇合数等差数列 $L_n(11)=46n+529$ 中的合数：

由

$$1681 \leqslant 46n+529 \leqslant 1849,$$

得

$$n=26，27，28。$$

其对应的合数分别是

1725，1771，1817。

求奇合数等差数列 $L_n(11)=58n+841$ 中的合数：

由

$$1681 \leqslant 58n+841 \leqslant 1849,$$

得

$$n=15，16，17。$$

其对应的合数分别是

1711，1769，1827。

求奇合数等差数列 $L_n(11)=62n+961$ 中的合数：

由

$$1681 \leqslant 62n+961 \leqslant 1849,$$

得

$$n=12，13，14。$$

其对应的合数分别是

1705，1767，1829。

求奇合数等差数列 $L_n(11)=74n+1369$ 中的合数：

由

$$1681 \leqslant 74n+1369 \leqslant 1849,$$

得对应的合数是空集。

将区间 [1681，1849] 中的上述合数去掉，得此区间不是合数的奇数，即区间 [1681，1849] 中的 20 个质数：

1693，1697，1699，1709，1721，1723，1733，1741，1747，1753，

1759，1777，1783，1787，1789，1801，1811，1823，1831，1847。

由 $[1681，1849]=[(2\times20+1)^2，(2\times21+1)^2]$ 得 $x=20$，$y=21$，依质数分布定理，区间 [1681，1849] 内最少有 $4(y-x)=4$ 个质数，说明质数分布定理正确。

依两相邻奇数为质数时即为孪生质数，得区间 [1681，1849] 内 3 个孪生

质数：

(1697，1699)，(1721，1723)，(1787，1789)。

由 [1681，1849]=[$(2\times20+1)^2$，$(2\times21+1)^2$] 得 x=20，y=21，依孪生质数分布定理，区间 [1681，1849] 内最少有 $2(y-x)=2$ 个孪生质数，说明孪生质数分布定理正确。

例 6，求区间 [2809，3025] 中的奇合数，质数和孪生质数。

解：先用奇合数等差数列求出合数，再依次求质数，孪生质数。

求奇合数等差数列 $L_n(1)=6n+9$ 中的合数：

由

$$2809 \leqslant 6n+9 \leqslant 3025,$$

得

n=467，468，469，470，471，472，473，474，475，476，477，478，479，480，481，482，483，484，489，490，491，192，493，494，495，496，497，498，499，500，501，502。

其对应的合数分别是

2811，2817，2823，2829，2835，2841，2847，2853，2859，2865，2871，2877，2883，2889，2895，2901，2907，2913，2919，2925，2931，2937，2943，2949，2955，2961，2967，2973，2979，2985，2991，2997，3003，3009，3015，3021。

求奇合数等差数列 $L_n(2)=10n+25$ 中的合数：

由

$$2809 \leqslant 10n+25 \leqslant 3025,$$

得

n=279，280，281，282，283，284，285，286，287，289，290，291，292，293，294，295，296，297，298，299，300。

其对应的合数分别是

2815，2825，2835，2845，2855，2865，2875，2885，2895，

2905，2915，2925，2935，2945，2955，2965，2985，2995，

3005，3015，3025。

求奇合数等差数列 $L_n(3)=14n+49$ 中的合数：

由

$$2809 \leqslant 14n+49 \leqslant 3025,$$

得

n=198，199，200，201，202，203，204，205，

206，207，208，209，210，211，212。

其对应的合数分别是

2821，2835，2849，2863，2877，2891，2905，2919，

2933，2947，2961，2975，2989，3003，3017。

求奇合数等差数列 $L_n(5)=22n+121$ 中的合数：

由

$$2809 \leqslant 22n+121 \leqslant 3025,$$

得

n=123，124，125，126，127，128，129，130，131，132。

其对应的合数分别是

2827，2849，2871，2893，2915，2937，2959，2981，3003，3025。

求奇合数等差数列 $L_n(6)=26n+169$ 中的合数：

由

$$2809 \leqslant 26n+169 \leqslant 3025,$$

得

n=102，103，104，105，106，107，108，109。

其对应的合数分别是

2821，2847，2873，2899，2925，2951，2977，3003。

求奇合数等差数列 $L_n(8)=34n+289$ 中的合数：

由

$$2809 \leqslant 34n+289 \leqslant 3025,$$

得

$$n=75，76，77，78，79，80。$$

其对应的合数分别是

2839，2873，2907，2941，2975，3009。

求奇合数等差数列 $L_n(9)=38n+361$ 中的合数：

由

$$2809 \leqslant 38n+361 \leqslant 3025,$$

得

$$n=65，66，67，68，69，70。$$

其对应的合数分别是

2831，2869，2907，2945，2983，3021。

求奇合数等差数列 $L_n(11)=46n+529$ 中的合数：

由

$$2809 \leqslant 46n+529 \leqslant 3025,$$

得

$$n=50，51，52，53，54。$$

其对应的合数分别是

2829，2875，2921，2967，3013。

求奇合数等差数列 $L_n(14)=58n+841$ 中的合数：

由

$$2809 \leqslant 58n+841 \leqslant 3025,$$

得

$$n=34，35，36，37。$$

其对应的合数分别是

2813，2871，2929，2987。

求奇合数等差数列 $L_n(15)=62n+961$ 中的合数：

由

$$2809 \leqslant 62n+961 \leqslant 3025,$$

得

$$n=30，31，32，33。$$

其对应的合数分别是

2821，2883，2945，3007。

求奇合数等差数列 $L_n(18)=74n+1369$ 中的合数：

由

$$2809 \leqslant 74n+1369 \leqslant 3025,$$

得

$$n=20，21，22。$$

其对应的合数分别是

2849，2923，2997，

求奇合数等差数列 $L_n(20)=82n+1681$ 中的合数：

由

$$2809 \leqslant 82n+1681 \leqslant 3025,$$

得

$$n=14，15，16。$$

其对应的合数分别是

2829，2911，2993，

求奇合数等差数列 $L_n(21)=86n+1849$ 中的合数：

由

$$2809 \leqslant 86n+1849 \leqslant 3025,$$

得

$$n=12，13。$$

其对应的合数分别是

2881，2967。

求奇合数等差数列 $L_n(23)=94n+2209$ 中的合数：

由

$$2809 \leqslant 94n+2209 \leqslant 3025,$$

得

$$n=7，8。$$

其对应的合数分别是

2867，2961，

求奇合数等差数列 $L_n(26)=106n+2809$ 中的合数：

由

$$2809 \leqslant 106n+2809 \leqslant 3025,$$

得

$$n=0。$$

其对应的合数是

2809，

将区间 [2809，3025] 中的上述合数去掉，得此区间不是合数的奇数，即区间 [2809，3025] 中的 25 个质数：

2819，2833，2837，2843，2851，2857，2861，2879，2887，2897，
2903，2909，2917，2927，2939，2953，2957，2963，2969，2971，
2999，3001，3011，3019，3023。

由 $[2809，3025]=[(2\times26+1)^2，(2\times27+1)^2]$ 得 $x=26$，$y=27$，依质数分布定理，区间 [2809，3025] 内最少有 $4(y-x)=4$ 个质数，说明质数分布定理正确。

依两相邻奇数为质数时即为孪生质数，由区间［2809，3025］中的质数得区间［2809，3025］内 2 个孪生质数：

（2969，2971），（2999，3001）。

由［2809，3025］=［$(2\times26+1)^2$，$(2\times27+1)^2$］得 x=26，y=27，依孪生质数分布定理，区间［2809，3025］内最少有 $2(y-x)$=2 个孪生质数，说明孪生质数分布定理正确。

§4.4 质数和孪生质数个数的上下限分布定理

依奇数列中合数的分布定理，对于任意正整数 $a(a \geqslant 2)$，在区间 $[1, (2a+1)^2]$ 内为合数的奇数，是 $(a-1)$ 个不同阶数的奇合数等差数列 $L_n(x)$：

$$L_n(x)=2(2x+1)n+(2x+1)^2,$$

$$x=1，2，3，\cdots，a,$$

在前面我们知道，当 $x=2，3，4，\cdots$ 时，奇合数等差数列 $L_n(x)$ 中的部分合数与奇合数等差数列 $L_n(1)$ 中的合数相同，如 $a=8$ 时，奇合数等差数列 $L_n(2)=10n+25$ 中的合数 45，75，105，135，165，195，225，255，285 和奇合数等差数列 $L_n(3)$ 中的合数 63，105，147，189，231，273，在奇合数等差数列 $L_n(1)=6n+9$ 中都有，这就表明，在区间 $[1, (2a+1)^2]$ 内为合数的奇数，除奇合数等差数列 $L_n(1)$ 中的合数还有奇合数在其他奇合数等差数列中。

当奇合数等差数列 $L_n(1)$ 中的合数都在区间 $[1, (2a+1)^2]$ 内，则必须有

$$6n+9 \leqslant (2a+1)^2,$$

由此得

$$n \leqslant [(2a+1)^2-9] \div 6。$$

取除式 $[(2a+1)^2-9] \div 6$ 的整数部分，记为

$$[\{(2a+1)^2-9\} \div 6]。$$

于是得到定理 4.4.1。

定理 4.4.1 对于任意正整数 a，在区间 $[1, (2a+1)^2]$ 内为合数的奇数，最少有 $[\{(2a+1)^2-9\} \div 6]$ 个。

其中 $[\{(2a+1)^2-9\} \div 6]$ 为除式 $[(2a+1)^2-9] \div 6$ 的整数部分。

例如：

当a=1时，在区间[1，9]内为合数的奇数，依定理4.4.1，最少为0个，实有一个奇合数9：

当a=2时，在区间[1，25]内为合数的奇数，依定理4.4.1，最少为2个，实有4个奇合数

9，15，21，25。

当a=3时，在区间[1，49]内为合数的奇数，依定理4.4.1，最少为6个，实有10个奇合数

9，15，21，25，27，33，35，39，45，49。

当a=4时，在区间[1，81]内为合数的奇数，依定理4.4.1，最少为12个，实有19个奇合数。

9，15，21，25，27，33，35，39，45，49，

51，55，57，63，65，69，75，77，81。

因在区间[1，$(2a+1)^2$]内共有$2(a^2+a)+1$个奇数，而1不为质数，奇数中只有合数和质数两类，除了合数就是质数，故可得到定理4.4.2。

定理4.4.2 对于任意正整数a，在区间[1，$(2a+1)^2$]内为质数的奇数，最多有$2(a^2+a)-\{[(2a+1)^2-9]\div 6\}$个。

其中$\{[(2a+1)^2-9]\div 6\}$为除式$[(2a+1)^2-9]\div 6$的整数部分。

例如，

当a=1时，在区间[1，9]内为质数的奇数，依定理4.4.2，最多为4个，实有3个奇质数

3，5，7。

当a=2时，在区间[1，25]内为质数的奇数，依定理4.4.2，最多为10个，实有8个奇质数

3，5，7，11，13，17，19，23。

当a=3时，在区间[1，49]内为质数的奇数，依定理4.4.2，最多为18个，

实有 14 个奇质数

3，5，7，11，13，17，19，23，29，31，37，41，43，47。

当 a=4 时，在区间 [1，81] 内为质数的奇数，依定理 4.4.2，最多为 28 个，实有 21 个奇质数

3，5，7，11，13，17，19，23，29，31，37，

41，43，47，53，59，61，67，71，73，79。

当 a=5，在区间 [1，121] 内为质数的奇数，依定理 4.4.2，最多为 42 个，实有 29 个奇质数

3，5，7，11，13，17，19，23，29，31，37，41，43，47，53，

59，61，67，71，73，79，83，89，97，101，103，107，109，113

因在区间 [1，$(2a+1)^2$] 内共有 $2(a^2+a)$ 对相邻奇数，依定理 3，1，1，得：

定理 4.4.3 对于任意正整数 $a(a \geqslant 2)$，在区间内的孪生质数，最多有

$$(a^2+a)-\{[(2a+1)^2-9]\div 6\} \text{ 个。}$$

例如，当 a=1 时，在区间 [1，9] 内的孪生质数，依定理 4.4.3，最多为 2 个，实有 2 个孪生质数：

(3，5)，(5，7)

当 a=2 时，在区间 [1，25] 内的孪生质数，依定理 4.4.3，最多为 4 个，实有 4 个孪生质数：

(3，5)，(5，7)，(11，13)，(17，19)

当 a=3 时，在区间 [1，49] 内的孪生质数，依定理 4.4.3 最多为 6 个，实有 6 个孪生质数：

(3，5)，(5，7)，(11，13)，(17，19)，(29，31)，(41，43)

当 a=4 时，在区间 [1，81] 内的孪生质数，依定理 4.4.3 最多为 8 个，实有 8 个孪生质数：

(3，5)，(5，7)，(11，13)，(17，19)，

(29，31)，(41，43)，(59，61)，(71，73)

当 a=5 时，在区间 [1，121] 内的孪生质数，依定理 4.4.3，最多为 12 个，实有 10 个孪生质数：

(3，5)，(5，7)，(11，13)，(17，19)，(29，31)，

(41，43)，(59，61)，(71，73)，(101，103)，(107，109)

当 a=6 时，在区间 [1，169] 内的孪生质数，依定理 4.4.3，最多为 16 个，实有 12 个孪生质数：

(3，5)，(5，7)，(11，13)，(17，19)，(29，31)，(41，43)，

(59，61)，(71，73)，(101，103)，(107，109)，(137，139)，

(149，151)

当 a=7 时，在区间 [1，225] 内的孪生质数，依定理 4.4.3，最多为 20 个，实有 15 个孪生质数：

(3，5)，(5，7)，(11，13)，(17，19)，(29，31)，(41，43)，

(59，61)，(71，73)，(101，103)，(107，109)，(137，139)，

(149，151)，(179，181)，(191，193)，(197，199)。

当 a=8 时，在区间 [1，289] 内的孪生质数，依定理 4.4.3，最多为 26 个，实有 19 个孪生质数：

(3，5)，(5，7)，(11，13)，(17，19)，(29，31)，(41，43)，

(59，61)，(71，73)，(101，103)，(107，109)，(137，139)，

(149，151)，(179，181)，(191，193)，(197，199)，(227，229)，

(239，241)，(269，271)，(281，283)。

当 a=9 时，在区间 [1，361] 内的孪生质数，依定理 4.4.3，最多为 32 个，实有 21 个孪生质数：

(3，5)，(5，7)，(11，13)，(17，19)，(29，31)，(41，43)，

(59，61)，(71，73)，(101，103)，(107，109)，(137，139)，

(149，151)，(179，181)，(191，193)，(197，199)，(227，229)，

(239，241)，(269，271)，(281，283)，(311，313)，(347，349)。

当 a=10 时，在区间 [1，441] 内的孪生质数，依定理 4.4.3，最多为 38 个，实有 23 个孪生质数：

(3，5)，(5，7)，(11，13)，(17，19)，(29，31)，(41，43)，
(59，61)，(71，73)，(101，103)，(107，109)，(137，139)，
(149，151)，(179，181)，(191，193)，(197，199)，(227，229)，
(239，241)，(269，271)，(281，283)，(311，313)，(347，349)，
(419，421)，(431，433)。

由 *CLZ* 分布定理，得以下定理。

定理 4.4.4 对于任意正整数 a，在区间 $[1,\ (2a+1)^2]$ 内的孪生质数，最少有 $2a$ 个，最多有

$$(a^2+a)-\{[(2a+1)^2-9]\div 6\}\text{ 个。}$$

依定理 4.4.4，和 *CLZ* 分布定理 ，即有

定理 4.4.5 （孪生质数个数上下限定理）：

对于任意正整数 $a(a\geqslant 2)$，在区间 $[1,\ (2a+1)^2]$ 内的孪生质数个数为 $Z(2a+1)^2$，则有

$$2a\leqslant Z[(2a+1)^2]\leqslant (a^2+a)-\{[(2a+1)^2-9]\div 6\}\text{ 。}$$

例，a=11 时，$2a$=22，$Z[(2a+1)^2]$=25，又

$$(a^2+a)-\{[(2a+1)^2-9]\div 6\}=132-86=46$$

依

$$22\leqslant 25\leqslant 46,$$

可知孪生质数分布定理 4.4.5 正确。

a=12 时，$2a$=24，$Z[(2a+1)^2]$=28，又

$$(a^2+a)-\{[(2a+1)^2-9]\div 6\}=156-102=54$$

依

$$24\leqslant 28\leqslant 54,$$

可知孪生质数分布定理 4，4，5 正确。

a=13 时，$2a$=26，$Z[(2a+1)^2]$=30，又

$$(a^2+a)-\{[(2a+1)^2-9]\div 6\}=182-120=62$$

依

$$26 \leqslant 30 \leqslant 62,$$

可知孪生质数分布定理 4.4.5 正确。

a=14 时，$2a$=28，$Z[(2a+1)^2]$=33，又

$$(a^2+a)-\{[(2a+1)^2-9]\div 6\}=210-138=72,$$

依

$$28 \leqslant 33 \leqslant 72,$$

可知孪生质数分布定理 4.4.5 正确。

a=15 时，$2a$=30，$Z[(2a+1)^2]$=10，又

$$(a^2+a)-\{[(2a+1)^2-9]\div 6\}=240-158=82,$$

依

$$30 \leqslant 35 \leqslant 82,$$

可知孪生质数分布定理 4.4.5 正确。

a=16 时，$2a$=32，$Z[(2a+1)^2]$=39，又

$$(a^2+a)-\{[(2a+1)^2-9]\div 6\}=272-180=92,$$

依

$$32 \leqslant 39 \leqslant 92,$$

可知孪生质数分布定理 4.4.5 正确。

a=17 时，$2a$=34，$Z[(2a+1)^2]$=40，又

$$(a^2+a)-\{[(2a+1)^2-9]\div 6\}=306-202=104,$$

依

$$34 \leqslant 40 \leqslant 104,$$

可知孪生质数分布定理 4.4.5 正确。

a=18 时，$2a$=36，$Z[(2a+1)^2]$=46，又

$$(a^2+a)-\{[(2a+1)^2-9]\div 6\}=342-226=116,$$

依

$$36\leqslant 46\leqslant 116,$$

可知孪生质数分布定理 4.4.5 正确。

$a=19$ 时，$2a=38$，$Z[(2a+1)^2]=50$，又

$$(a^2+a)-\{[(2a+1)^2-9]\div 6\}=380-252=128,$$

依

$$38\leqslant 50\leqslant 128,$$

可知孪生质数分布定理 4.4.5 正确。

$a=20$ 时，$2a=40$，$Z[(2a+1)^2]=54$，又

$$(a^2+a)-\{[(2a+1)^2-9]\div 6\}=420-278=142,$$

依

$$40\leqslant 54\leqslant 142,$$

可知孪生质数分布定理 4.4.5 正确。

定理4.4.6(质数个数上下限定理) 对于任意正整数 $a(a\geqslant 2)$，在区间 $[1, (2a+1)^2]$ 内的质数，最少有 $4a$ 个，最多有

$$2(a^2+a)+1-\{[(2a+1)^2-9]\div 6\} \text{ 个。}$$

例，$a=3$，在区间 [1，49] 内的质数：

最少有 13 个，最多有 19 个（实际是 15 个）。

可知定理 4.4.6 正确。

$a=7$，在区间 [1，225] 内的质数：

最少有 29 个，最多有 77 个（实际是 48 个）。

可知定理 4.4.6 正确。

$a=10$，在区间 [1，441] 内的质数，最少有 41 个，最多有 149 个（实际是 85 个）。

可知定理 4.4.6 正确。

定理 4. 4. 6(质数个数上下限定理)，由用符号表示为

$$4a \leqslant \pi[(2a+1)^2] \leqslant [2(a^2+a)+1] - \{[(2a+1)^2-9] \div 6\},$$

不等式两边同除 $(2a+1)^2$ 得，

$$4a \div (2a+1)^2 \leqslant \pi[(2a+1)^2] \div (2a+1)^2$$

$$\leqslant 【2(a^2+a)+1-\{[(2a+1)^2-9] \div 6\}】 \div (2a+1)^2,$$

因

$$【2(a^2+a)+1-\{[(2a+1)^2-9] \div 6\}】 \div (2a+1)^2$$

$$< [2(a^2+a)+1] \div (2a+1)^2$$

故有

定理 4.4.7（质数分布定理） 对于任意正整数 a，在区间 $[1，(2a+1)^2]$ 内的质数个数为 $\pi[(2a+1)^2]$，则有

$$\frac{4a}{(2a+1)^2} \leqslant \frac{\pi[(2a+1)^2]}{(2a+1)^2} < \frac{2(a^2+a)+1}{(2a+1)^2}。$$

例如，

当 $a=1$，得

$$\frac{4}{9} \leqslant \frac{\pi(9)}{9} < \frac{5}{9},$$

实际 $\pi(9)=4$ 个，因

$$\frac{4}{9} \leqslant \frac{4}{9} < \frac{5}{9},$$

故质数分布定理正确。

当 $a=2$，得

$$\frac{8}{25} \leqslant \frac{\pi(25)}{25} < \frac{13}{25},$$

实际 $\pi(25)=9$ 个，因

$$\frac{8}{25}\leqslant\frac{9}{25}<\frac{13}{25},$$

故质数分布定理正确。

当 $a=3$，得

$$\frac{12}{25}\leqslant\frac{\pi(49)}{49}<\frac{25}{49},$$

实际 $\pi(49)=15$ 个，因

$$\frac{12}{49}\leqslant\frac{15}{49}<\frac{25}{49},$$

故质数分布定理正确。

当 $a=4$，得

$$\frac{16}{81}\leqslant\frac{\pi(81)}{81}<\frac{41}{81},$$

实际 $\pi(81)=22$ 个，因

$$\frac{16}{81}\leqslant\frac{22}{81}<\frac{41}{81},$$

故质数分布定理正确。

当 $a=5$，得

$$\frac{20}{121}\leqslant\frac{\pi(121)}{121}<\frac{61}{121},$$

实际 $\pi(121)=30$ 个，因

$$\frac{20}{121}\leqslant\frac{30}{121}<\frac{61}{121},$$

故质数分布定理正确。

当 a=6，得

$$\frac{24}{169} \leqslant \frac{\pi(169)}{169} < \frac{85}{169},$$

实际 π(169)=39 个，因

$$\frac{24}{169} \leqslant \frac{39}{169} < \frac{85}{169},$$

故质数分布定理正确。

当 a=7，得

$$\frac{28}{225} \leqslant \frac{\pi(225)}{225} < \frac{113}{225},$$

实际 π(225)=48 个，因

$$\frac{28}{225} \leqslant \frac{48}{225} < \frac{113}{225},$$

故质数分布定理正确。

当 a=8，得

$$\frac{32}{289} \leqslant \frac{\pi(589)}{289} < \frac{145}{289},$$

实际 π(289)=61 个，因

$$\frac{32}{289} \leqslant \frac{61}{289} < \frac{145}{289},$$

故质数分布定理正确。

当 a=9，得

$$\frac{36}{225} \leqslant \frac{\pi(361)}{361} < \frac{181}{361},$$

实际 π(289)=72 个，因

$$\frac{36}{361} \leqslant \frac{72}{361} < \frac{181}{361},$$

故质数分布定理正确。

当 a=10，得

$$\frac{40}{441} \leqslant \frac{\pi(441)}{441} < \frac{221}{441},$$

实际 π(441)=85 个，因

$$\frac{40}{441} \leqslant \frac{85}{441} < \frac{221}{441},$$

故质数分布定理正确。

当 a=11，得

$$\frac{44}{529} \leqslant \frac{\pi(529)}{529} < \frac{265}{529},$$

实际 π(529)=99 个，因

$$\frac{44}{529} \leqslant \frac{99}{529} < \frac{265}{529},$$

故质数分布定理正确。

当 a=12，得

$$\frac{48}{625}\leqslant\frac{\pi(625)}{625}<\frac{313}{625},$$

实际 π(529)=115 个，因

$$\frac{44}{529}\leqslant\frac{115}{529}<\frac{265}{529},$$

故质数分布定理正确。

当 a=13，得

$$\frac{52}{729}\leqslant\frac{\pi(729)}{729}<\frac{313}{729},$$

实际 π(729)=129 个，因

$$\frac{44}{729}\leqslant\frac{129}{729}<\frac{365}{729},$$

故质数分布定理正确。

当 a=16，得

$$\frac{64}{1089}\leqslant\frac{\pi(1089)}{1089}<\frac{545}{1089},$$

实际 π(1089)=181 个，因

$$\frac{64}{1089}\leqslant\frac{181}{1089}<\frac{545}{1089},$$

故质数分布定理正确。

当 a=19，得

$$\frac{76}{1521} \leqslant \frac{\pi(1521)}{1521} < \frac{761}{1521},$$

实际 π(1521)=240 个，因

$$\frac{76}{1521} \leqslant \frac{240}{1521} < \frac{761}{1521},$$

故质数分布定理正确。

当 a=76，得

$$\frac{304}{23401} \leqslant \frac{\pi(23401)}{23401} < \frac{11705}{23401},$$

实际 π(23401)=2607 个，因

$$\frac{304}{23401} \leqslant \frac{2607}{23401} < \frac{11705}{23401},$$

故质数分布定理正确。

当 a=106，得

$$\frac{424}{45369} \leqslant \frac{\pi(45369)}{45369} < \frac{22685}{45369},$$

实际 π(45369)=4761 个，因

$$\frac{424}{45369} \leqslant \frac{4761}{45369} < \frac{22685}{45369},$$

故质数分布定理正确。

当 a=109，得

$$\frac{436}{47961} \leqslant \frac{\pi(47961)}{47961} < \frac{23981}{47961},$$

实际 π(45369)=4761 个，因

$$\frac{436}{47961} \leqslant \frac{4761}{47961} < \frac{23981}{47961},$$

故质数分布定理正确。

当 a=111，得

$$\frac{444}{49729} \leqslant \frac{\pi(49729)}{49729} < \frac{24865}{49729},$$

实际 π(49729)=5106 个，因

$$\frac{444}{49729} \leqslant \frac{5106}{49729} < \frac{24865}{49729},$$

故质数分布定理正确。

5 孪生质数的判定

§5.1 孪生质数的充要条件

依孪生质数是相邻两个奇数，且都是质数，下面给出孪生质数的充要条件。

若 a 与 b 为孪生质数，因 a 为奇数，设

$$a=2k-1,$$

其中 k 为正整数，则依孪生质数定义得

$$b=a+2=2k+1,$$

因 k 只能是

$$k=3t,\ \text{或}\ k=3t+1,\ \text{或}\ k=3t+2,$$

其中 t 为非负整数。当 $k=3t+2$ 时，由

$$2k-1=2(3t+2)-1=3(2t+1),$$

可知 $2k-1$ 为合数，故 $2k-1$ 与 $2k+1$ 不能都为质数，故 $2k-1$ 与 $2k+1$ 不能为孪生质数。当 $k=3t+1$ 时，由

$$2k+1=2(3t+1)+1=3(2t+1),$$

可知 $2k+1$ 为合数，故 $2k-1$ 与 $2k+1$ 不能都为质数，故 $2k-1$ 与 $2k+1$ 不能为孪生质数。

由上可知，若 $2k-1$ 与 $2k+1$ 为孪生质数，只能有 $k=3t$，即必有

$$a=6t-1,\ b=6t+1$$

$$ab=(6t-1)(6t+1)=36t^2-1。$$

其中 t 为正整数。

$$因\ 36t^2-1=(6t-1)(6t+1),$$

故有下面定理 5. 1. 1。

定理 5.1.1 a 与 b 为大于 5 的孪生质数的充要条件是：存在正整数 n，使得 $a=6n-1$，$b=6n+1$，且 $36n^2-1$ 只有两个质因数。

例 1，求区间 [1，100] 内的孪生质数。

解：由 $6n+1 \leqslant 100$，得

$$n \leqslant 16$$

$n=1$ 时，因 $36n^2-1=35=5\times7$，

依定理 5. 1. 1，得孪生质数（5，7）。

$n=2$ 时，因 $36n^2-1=143=11\times13$，

依定理 5. 1. 1，得孪生质数（11，13）。

$n=3$ 时，因 $36n^2-1=323=17\times19$，

依定理 5. 1. 1，得孪生质数（17，19）。

$n=4$ 时，因 $36n^2-1=575=5\times5\times23$，

多于两个质因数，依定理 5. 1. 1，为非孪生质数。

$n=5$ 时，因 $36n^2-1=899=29\times31$，

依定理 5. 1. 1，得孪生质数（29，31）。

$n=6$ 时，因 $36n^2-1=1295=5\times7\times37$，

多于两个质因数，依定理 5. 1. 1，为非孪生质数。

$n=7$ 时，因 $36n^2-1=1763=41\times43$，

依定理 5. 1. 1，得孪生质数（41. 43）。

$n=8$ 时，因 $36n^2-1=2303=7\times7\times47$，

多于两个质因数，依定理 5. 1. 1，故为非孪生质数。

$n=9$ 时，因 $36n^2-1=2915=5\times11\times53$，多于两个质因数，

依定理 5. 1. 1，故为非孪生质数。

n=10 时，因 $36n^2-1=3599=59\times61$，

依定理 5.1.1，得孪生质数（59，61）。

n=11 时，因 $36n^2-1=4355=5\times13\times67$，

多于两个质因数，依定理 5.1.1，故为非孪生质数。

n=12 时，因 $36n^2-1=5183=71\times73$，

依定理 5.1.1，得孪生质数（71，73）。

n=13 时，因 $36n^2-1=6083=7\times11\times79$，

多于两个质因数，依定理 5.1.1，为非孪生质数。

n=14 时，因 $36n^2-1=7055=5\times17\times83$，

多于两个质因数，依定理 5.1.1，为非孪生质数。

n=15 时，因 $36n^2-1=8099=7\times13\times89$，

多于两个质因数，依定理 5.1.1，为非孪生质数。

n=16 时，因 $36n^2-1=9215=5\times19\times97$，

多于两个质因数，依定理 5.1.1，为非孪生质数。

故区间［1，100］内的孪生质数有

（5，7），（11，13），（17，19），（29，31），

（41，43），（59，61），（71，73）。

例 2，求区间［300.550］内的孪生质数。

解：

由 $6n+1\leqslant500$，得 $n\leqslant83$

由 $300\leqslant6n-1$，得 $49\leqslant n$，

故有 $49\leqslant n\leqslant84$。

n=49 时，因 $36n^2-1=86435=5\times59\times293$，

多于两个质因数，依定理 5.1.1，为非孪生质数。

n=50 时，因 $36n^2-1=89999=7\times13\times23\times43$，

多于两个质因数，依定理 5.1.1，为非孪生质数。

n=51 时，因 $36n^2-1$=93635=5×61×307，

多于两个质因数，依定理 5.1.1，为非孪生质数。

n=52 时，因 $36n^2-1$=97343=311×313，

依定理 5.1.1，得孪生质数（311，313）。

n=53 时，因 $36n^2-1$=101123=11×29×317，

多于两个质因数，依定理 5.1.1，为非孪生质数。

n=54 时，因 $36n^2-1$=104975=5×5×13×17×19，

多于两个质因数，依定理 5.1.1，为非孪生质数。

n=55 时，因 $36n^2-1$=108899=7×47×331，

多于两个质因数，依定理 5.1.1，为非孪生质数。

n=56 时，因 $36n^2-1$=112895=5×67×337，

多于两个质因数，依定理 5.1.1，为非孪生质数。

n=57 时，因 $36n^2-1$=116963=11×31×343，

多于两个质因数，依定理 5.1.1，为非孪生质数。

n=58 时，因 $36n^2-1$=121103=347×349，

依定理 5.1.1，得孪生质数（347，349）。

n=59 时，因 $36n^2-1$=125315=5×71×353，

多于两个质因数，依定理 5.1.1，为非孪生质数。

n=60 时，因 $36n^2-1$=129599=19×19×359。

多于两个质因数，依定理 5.1.1，为非孪生质数。

n=61 时，因 $36n^2-1$=133955=5×73×367。

多于两个质因数，依定理 5.1.1，为非孪生质数。

n=62 时，因 $36n^2-1$=138383=7×53×373，

多于两个质因数，依定理 5.1.1，为非孪生质数。

n=63 时，因 $36n^2-1$=142883=13×29×379，

多于两个质因数，依定理 5.1.1，为非孪生质数。

n=64 时，因 $36n^2-1$=147455=5×11×2681，

多于两个质因数，依定理 5.1.1，为非孪生质数。

n=65 时，因 $36n^2-1$=152099=17×23×389，

多于两个质因数，依定理 5.1.1，为非孪生质数。

n=66 时，因 $36n^2-1$=156815=5×79×397，

多于两个质因数，依定理 5.1.1，为非孪生质数。

n=67 时，因 $36n^2-1$=161603=13×31×401，

多于两个质因数，依定理 5.1.1，为非孪生质数。

n=68 时，因 $36n^2-1$=166463=11×37×409，

多于两个质因数，依定理 5.1.1，为非孪生质数。

n=69 时，因 $36n^2-1$=171395=5×7×59×83，

多于两个质因数，依定理 5.1.1，为非孪生质数。

n=70 时，因 $36n^2-1$=176399=419×421，

依定理 5.1.1，得孪生质数（419，421）。

n=71 时，因 $36n^2-1$=181475=5×5×7×17×61，

多于两个质因数，依定理 5.1.1，为非孪生质数。

n=72 时，因 $36n^2-1$=186623=431×433，

依定理 5.1.1，得孪生质数（431，433）。

n=73 时，因 $36n^2-1$=191843=19×23×439，

多于两个质因数，依定理 5.1.1，为非孪生质数。

n=74 时，因 $36n^2-1$=197135=5×89×443，

多于两个质因数，依定理 5.1.1，为非孪生质数。

n=75 时，因 $36n^2-1$=202499=11×41×449，

多于两个质因数，依定理 5.1.1，为非孪生质数。

n=76 时，因 $36n^2-1$=207935=5×13×3199，

多于两个质因数，依定理 5.1.1，为非孪生质数。

n=77 时，因 $36n^2-1=213443=461\times463$，

依定理 5.1.1，得孪生质数（461，463）

n=78 时，因 $36n^2-1=219023=7\times67\times467$，

多于两个质因数，依定理 5.1.1，为非孪生质数。

n=79 时，因 $36n^2-1=224675=5\times5\times11\times19\times43$，

多于两个质因数，依定理 5.1.1，为非孪生质数。

n=80 时，因 $36n^2-1=230399=13\times37\times479$，

多于两个质因数，依定理 5.1.1，为非孪生质数。

n=81 时，因 $36n^2-1=236195=5\times97\times487$

多于两个质因数，依定理 5.1.1，为非孪生质数。

n=82 时，因 $36n^2-1=242063=17\times29\times491$，

多于两个质因数，依定理 5.1.1，为非孪生质数。

n=83 时，因 $36n^2-1=248003=7\times71\times499$，

故区间 [300，500] 内的孪生质数有

[311，313]，[347，349]，[419，421]，[431，433]，[461，463]。

例 3，试问区间 [7600，7700] 内是否有孪生质数？

解：

若区间 [7600，770] 内有孪生质数（$6n-1$）、（$6n+1$），必有

$$7600\leqslant 6n-1，6n+1\leqslant 7700，$$

由此得

$$1267\leqslant n\leqslant 1283。$$

因 n=1267 时

$$36n^2-1=57790403=11\times691\times7603，$$

多于两个质因数，依定理 5.1.1，（$6n-1$）与（$6n+1$）为非孪生质数。

因 n=1268 时

$$36n^2-1=57881663=7\times1087\times7607，$$

多于两个质因数，依定理 5. 1. 1，$(6n-1)$ 与 $(6n+1)$ 为非孪生质数。

因 $n=1269$ 时

$$36n^2-1=57972995=5\times23\times331\times1523,$$

多于两个质因数，依定理 5. 1. 1，$(6n-1)$ 与 $(6n+1)$ 为非孪生质数。

因 $n=1270$ 时

$$36n^2-1=58064399=19\times401\times7621,$$

多于两个质因数，依定理 5. 1. 1，$(6n-1)$ 与 $(6n+1)$ 为非孪生质数。

因 $n=1271$ 时

$$36n^2-1=58155875=53\times29\times61\times263,$$

多于两个质因数，依定理 5. 1. 1，$(6n-1)$ 与 $(6n+1)$ 为非孪生质数。

因 $n=1272$ 时

$$36n^2-1=58247423=13\times17\times449\times587,$$

多于两个质因数，依定理 5. 1. 1，$(6n-1)$ 与 $(6n+1)$ 为非孪生质数。

因 $n=1273$ 时

$$36n^2-1=58339043=7\times1091\times7639,$$

多于两个质因数，依定理 5. 1. 1，$(6n-1)$ 与 $(6n+1)$ 为非孪生质数。

因 $n=1274$ 时

$$36n^2-1=58430735=5\times11\times139\times7643,$$

多于两个质因数，依定理 5. 1. 1，$(6n-1)$ 与 $(6n+1)$ 为非孪生质数。

因 $n=1275$ 时

$$36n^2-1=58522499=7\times1093\times7649,$$

多于两个质因数，依定理 5. 1. 1，$(6n-1)$ 与 $(6n+1)$ 为非孪生质数。

因 $n=1276$ 时

$$36n^2-1=58614335=5\times13\times19\times31\times1531,$$

多于两个质因数，依定理 5. 1. 1，$(6n-1)$ 与 $(6n+1)$ 为非孪生质数。

因 n=1277 时

$$36n^2-1=58706243=47\times79\times97\times163,$$

多于两个质因数，依定理 5. 1. 1，（$6n-1$）与（$6n+1$）为非孪生质数。

因 n=1278 时

$$36n^2-1=58798223=11\times17\times41\times7669,$$

多于两个质因数，依定理 5. 1. 1，（$6n-1$）与（$6n+1$）为非孪生质数。

因 n=1279 时

$$36n^2-1=58890275=52\times307\times7673,$$

多于两个质因数，依定理 5. 1. 1，（$6n-1$）与（$6n+1$）为非孪生质数。

因 n=1280 时

$$36n^2-1=58982399=7\times1097\times7681,$$

多于两个质因数，依定理 5. 1. 1，（$6n-1$）与（$6n+1$）为非孪生质数。

因 n=1281 时

$$36n^2-1=59074595=5\times29\times53\times7687,$$

多于两个质因数，依定理 5. 1. 1，（$6n-1$）与（$6n+1$）为非孪生质数。

因 n=1282 时

$$36n^2-1=59166863=72\times157\times7691,$$

多于两个质因数，依定理 5. 1. 1，（$6n-1$）与（$6n+1$）为非孪生质数。

因 n=1283 时

$$36n^2-1=59259203=43\times179\times7699,$$

多于两个质因数，依定理 5. 1. 1，（$6n-1$）与（$6n+1$）为非孪生质数。

因 n=1284 时，$(6n-1)=7703$，故区间［7600，7700］内无孪生质数。

§5.2 孪生质数的必要条件

在第二章，证明了孪生质数之积必为下面六个等差数列中的合数，

$210m+29$，$210m+59$，$210m+83$，$210m+113$，$210m+143$，$210m+209$。

若 $210m+29$ 为一个孪生质数之积，依定理 2. 7. 1，则存在正整数 n，使得

$$210m+29=36n^2-1。$$

同理，若 $210m+59$ 为一个孪生质数之积，则存在正整数 n，使得

$$210m+59=36n^2-1。$$

同理，若 $210m+83$ 为一个孪生质数之积，则存在正整数 n，使得

$$210m+83=36n^2-1。$$

同理，若 $210m+113$ 为一个孪生质数之积，则存在正整数 n，使得

$$210m+113=36n^2-1。$$

同理，若 $210m+143$ 为一个孪生质数之积，则存在正整数 n，使得

$$210m+143=36n^2-1。$$

同理，若 $210m+209$ 为一个孪生质数之积，则存在正整数 n，使得

$$210m+209=36n^2-1。$$

若将上述六个等式，看成关于两个变量 m 和 n 的方程，则可得到下面 6 个有两个未知数的不定解方程：

$$36n^2-210m-30=0，36n^2-210m-60=0，36n^2-210m-84=0，$$

$$36n^2-210m-114=0，36n^2-210m-144=0，36n^2-210m-210=0。$$

如果 $2n-1$ 和 $2n+1$ 是一对孪生质数，则必存在非负整数 m，使得上述 6 个方程中必有一个成立。

定理 5.2.1 若 $6n-1$ 和 $6n+1$ 是一对孪生质数，则下列六个关于 x 的方程

$36n^2-210x-30=0$，$36n^2-210x-60=0$，$36n^2-210x-84=0$，

$36n^2-210x-114=0$，$36n^2-210x-144=0$，$36n^2-210x-210=0$。

必有一个是非负整数解。

例如，孪生质数 4787, 4789，由

$$4787=6\times798-1=2n-1，4789=2\times2394+1=2n+1，$$

得 $n=798$，不难验证，方程

$$36n^2-210x-84=0。$$

有正整数解 $x=109166$。

孪生质数 4799, 4801，由

$$4799=6\times800-1，4801=6\times800+1，$$

得 $n=800$，不难验证，方程

$$36n^2-210x-60=0。$$

有正整数解 $x=109714$。

孪生质数 5009, 5011，由

$$5009=6\times835-1，5011=6\times835+1，$$

得 $n=835$，不难验证，方程

$$36n^2-210x-60=0。$$

有正整数解 $x=119524$。

孪生质数 5021, 5023，由

$$5021=6\times837-1，5011=6\times837+1，$$

得 $n=837$，不难验证，方程

$$36n^2-210x-114=0。$$

有正整数解 $x=120097$。

由上述 6 个等式可知，若 $36n^2-1$ 为一个大于 7 的孪生质数之积，必存在确定的正整数 m，在上述 6 个等式中，有且只有一个成立。

上述 6 个等式可分别整理成下面 6 个等式：

$m=(36n^2-30)\div210$，$m=(36n^2-60)\div210$，$m=(36n^2-84)\div210$，

$m=(36n^2-114)\div210$，$m=(36n^2-144)\div210$，$m=(36n^2-210)\div210$。

于是得到判定 $36n^2-1$ 为一个大于 7 的孪生质数之积的必要条件。

定理 5.2.2 若 $36n^2-1$ 为一个大于 7 的孪生质数之积，则下面的 6 个除式的商

$m=(36n^2-30)\div210$，$m=(36n^2-60)\div210$，$m=(36n^2-84)\div210$，

$m=(36n^2-114)\div210$，$m=(36n^2-144)\div210$，$m=(36n^2-210)\div210$。

有且只有一个为非负整数。

由 $611\times613=(6\times102-1)(6\times102+1)$，得 $n=102$，且

$$m=(36n^2-114)\div210=49,$$

由 $617\times619=(6\times103-1)(6\times103+1)$，得 $n=103$，且

$$m=(36n^2-144)\div210=49,$$

但

$$611=13\times47,$$

说明 611 与 613 不是孪生质数，而 617 与 619 是孪生质数，可见定理 5.2.2 是 $36n^2-1$ 为孪生质数的必要条件。

§5.3 拟孪生质数数列对中的孪生质数的判定

在第 1 章，证明了大于 7 的孪生质数 $A\pm1$ 分布在十五对等差数列中，可用公式

$$A\pm1=210m+6p\pm1$$

表示，其中整数 $m\geqslant0$，整数 p 为

$p\in\{2，3，5，7，10，12，17，18，23，25，28，30，32，33，35\}$。

下面给出这十五对等差数列中的孪生质数判定定理。

$$p=2\text{ 时，}A\pm1=210m+6p\pm1=210m+12\pm1$$
$$=6(35m+2)\pm1,$$

依定理 5. 1. 1，令 $n=(35m+2)$，得定理 5. 3. 1。

定理 5.3.1 对于非负整数 m，$210m+12\pm1$ 为一对孪生质数的充要条件是数

$$36(35m+2)^2-1$$

为两个质因数之积，此两质因数即为一对孪生质数。

例 1，$m=0$ 时，由

$$36(35m+2)^2-1=143=11\times13,$$

依定理 5. 3. 1，可知 $210m+12\pm1$ 是一对孪生质数，即 11 与 13 为一对孪生质数。

$m=1$ 时，由

$$36(35m+2)^2-1=49283=13\times17\times223。$$

依定理 5. 3. 1，可知 $210m+12\pm1$ 不是一对孪生质数。

$m=2$ 时，由

$$36(35m+2)^2-1=186623=431\times433。$$

依定理 5.3.1，可知 $210m+12\pm1$ 是一个孪生质数，即 431 与 433 为一对孪生质数。

$m=3$ 时，由

$$36(35m+2)^2-1=412163=641\times943。$$

依定理 5.3.1，可知 $210m+12\pm1$ 是一个孪生质数，即 641 与 643 为一对孪生质数。

$m=4$ 时，由

$$36(35m+2)^2-1=725903=23\times37\times853。$$

依定理 5.3.1，可知 $210m+12\pm1$ 不是孪生质数。

$m=5$ 时，由

$$36(35m+2)^2-1=1127843=1061\times1063。$$

依定理 5.3.1，可知 $210m+12\pm1$ 是一个孪生质数，即 1061 与 1063 为一对孪生质数。

$m=6$ 时，由

$$36(35m+2)^2-1=1617983=19\times31\times41\times67。$$

依定理 5.3.1，可知 $210m+12\pm1$ 不是一个孪生质数。

$m=7$ 时，由

$$36(35m+2)^2-1=2196323=14841\times1483。$$

依定理 5.3.1，可知 $210m+12\pm1$ 是一个孪生质数，即 1481 与 1483 为一对孪生质数。

$m=8$ 时，由

$$36(35m+2)^2-1=2862863=19\times89\times1693。$$

依定理 5.3.1，可知 $210m+12\pm1$ 不是一个孪生质数。

$m=9$ 时，由

$$36(35m+2)^2-1=3617603=11\times173\times1901。$$

依定理 5.3.1，可知 $210m+12\pm1$ 不是一对孪生质数。

$m=10$ 时，由

$$36(35m+2)^2-1=4460543=2111\times2113。$$

依定理 5.3.1，可知 $210m+12\pm1$ 是一个孪生质数，即 2113 与 2114 为一对孪生质数。

依定理 5.1.1，令 $n=(35m+3)$，得定理 5.3.2。

定理 5.3.2 对于非负整数 m，$210m+18\pm1$ 为一对孪生质数的充要条件是数

$$36(35m+3)^2-1$$

为两个质因数之积，此两质因数即为一对孪生质数。

例 2，$m=0$ 时，由

$$36(35m+3)^2-1=323=17\times19，$$

依定理 5.3.2，可知 $210m+18\pm1$ 是一对孪生质数，即 17 与 19 为一对孪生质数。

$m=1$ 时，由

$$36(35m+3)^2-1=51983=227\times229。$$

依定理 5.3.2，可知 $210m+18\pm1$ 是一对孪生质数，即 227 与 229 为一对孪生质数。

$m=2$ 时，由

$$36(35m+3)^2-1=191843=19\times23\times439。$$

可知 $210m+18\pm1$ 不是一对孪生质数。

$m=3$ 时，由

$$36(35m+3)^2-1=419903=11\times59\times647。$$

依定理 5.3.2，可知 $210m+18\pm1$ 不是孪生质数。

$m=4$ 时，由

$$36(35m+3)^2-1=736163=857\times859。$$

依定理 5.3.2，可知 $210m+18\pm1$ 是一个孪生质数，即 857 与 859 为一对

孪生质数。

m=5 时，由

$$36(35m+3)^2-1=1140623=11\times97\times1069。$$

依定理 5.3.2，可知 $210m+18\pm1$ 不是孪生质数。

m=6 时，由

$$36(35m+3)^2-1=1633283=1277\times1279。$$

依定理 5.3.2，可知 $210m+18\pm1$ 是一对孪生质数，即 1277 与 1279 为一对孪生质数。

m=7 时，由

$$36(35m+3)^2-1=2214143=1487\times1489。$$

依定理 5.3.2，可知 $210m+18\pm1$ 是孪生质数，即 1487 与 1489 为一对孪生质数。

m=8 时，由

$$36(35m+3)^2-1=2883203=1697\times1699。$$

依定理 5.3.2，可知 $210m+18\pm1$ 是一个孪生质数，即 1277 与 1279 为一对孪生质数。

m=9 时，由

$$36(35m+3)^2-1=3640463=23\times83\times1907。$$

依定理 5.3.2，可知 $210m+18\pm1$ 不是孪生质数。

m=10 时，由

$$36(35m+3)^2-1=4485923=13\times29\times73\times163。$$

依定理 5.3.2，可知 $210m+18\pm1$ 不是孪生质数。

依定理 5.1.1，令 $n=(35m+5)$，得定理 5.3.3。

定理 5.3.3 对于非负整数 m，$210m+30\pm1$ 为一对孪生质数的充要条件是数

$$36(35m+5)^2-1$$

为两个质因数之积，此两质因数即为一对孪生质数。

例 3，m=0 时，由

$$36(35m+5)^2-1=899=29\times 31,$$

依定理 5.3.3，可知 $210m+30\pm 1$ 是一个孪生质数，即 29 与 31 为一对孪生质数。

m=1 时，由

$$36(35m+5)^2-1=57599=239\times 241,$$

依定理 5.3.3，可知 $210m+30\pm 1$ 是一个孪生质数，即 239 与 241 为一对孪生质数。

m=2 时，由

$$36(35m+5)^2-1=202499=11\times 41\times 449,$$

依定理 5.3.3，可知 $210m+30\pm 1$ 不是孪生质数。

m=3 时，由

$$36(35m+5)^2-1=435599=659\times 661,$$

依定理 5.3.3，可知 $210m+30\pm 1$ 是一个孪生质数，即 659 与 661 为一对孪生质数。

m=4 时，由

$$36(35m+5)^2-1=756899=11\times 13\times 67\times 79,$$

依定理 5.3.3，可知 $210m+30\pm 1$ 不是孪生质数。

m=5，由

$$36(35m+5)^2-1=1166399=13\times 23\times 47\times 83,$$

依定理 5.3.3 可知 $210m+30\pm 1$ 不是孪生质数。

m=6，由

$$36(35m+5)^2-1=1664099=1289\times 1291,$$

依定理 5.3.3，可知 $210m+30\pm 1$ 是孪生质数，即 1289 与 1291 为一对孪生质数。

m=7，由

$$36(35m+5)^2-1=2249999=19\times79\times1499,$$

依定理 5.3.3，可知 $210m+30\pm1$ 不是孪生质数。

$m=8$，由

$$36(35m+5)^2-1=2924099=29\times59\times1709,$$

依定理 5.3.3，可知 $210m+30\pm1$ 不是孪生质数。

$m=9$，由

$$36(35m+5)^2-1=3686399=17\times19\times101\times113,$$

依定理 5.3.3，可知 $210m+30\pm1$ 不是孪生质数。

$m=10$，由

$$36(35m+5)^2-1=4536899=2129\times2131,$$

依定理 5.3.3，可知 $210m+30\pm1$ 是孪生质数，即 2129 与 2131 为一对孪生质数。

依定理 5.1.1，令 $n=(35m+7)$，得定理 5.3.4。

定理 5.3.4 对于非负整数 m，$210m+42\pm1$ 为一对孪生质数的充要条件是数

$$36(35m+7)^2-1$$

为两个质因数之积，此两质因数即为一对孪生质数。

例 4，$m=0$ 时，由

$$36(35m+7)^2-1=1763=41\times43,$$

依定理 5.3.4，可知 $210m+42\pm1$ 是一对孪生质数，即 41 与 43 为一对孪生质数。

$m=1$ 时，由

$$36(35m+7)^2-1=63503=11\times23\times251,$$

依定理 5.3.4，可知 $210m+42\pm1$ 不是孪生质数。

$m=2$ 时，由

$$36(35m+7)^2-1=213443=461\times463,$$

依定理 5.3.4，可知 $210m+42\pm1$ 是一对孪生质数，即 461 与 463 为一对

孪生质数。

m=3 时，由

$$36(35m+7)^2-1=451583=11\times61\times673,$$

依定理 5.3.4，可知 $210m+42\pm1$ 不是孪生质数。

m=4 时，由

$$36(35m+7)^2-1=777923=881\times883,$$

依定理 5.3.4，可知 $210m+42\pm1$ 是一个孪生质数，即 881 与 883 为一对孪生质数。

m=5 时，由

$$36(35m+7)^2-1=1192463=1091\times1063,$$

依定理 5.3.4，可知 $210m+42\pm1$ 是一个孪生质数，即 1091 与 1093 为一对孪生质数。

m=6 时，由

$$36(35m+7)^2-1=1695203=1301\times1303,$$

依定理 5.3.4，可知 $210m+42\pm1$ 是一个孪生质数，即 1091 与 1093 为一对孪生质数。

m=7 时，由

$$36(35m+7)^2-1=2286143=17\times89\times1511,$$

依定理 5.3.4，可知 $210m+42\pm1$ 不是孪生质数。

m=8 时，由

$$36(35m+7)^2-1=2965283=1721\times1723,$$

依定理 5.3.4 可知，$210m+42\pm1$ 是一个孪生质数，即 1721 与 1723 为一对孪生质数。

m=9 时，由

$$36(35m+7)^2-1=3732623=1931\times1933,$$

依定理 5.3.4，可知 $210m+42\pm1$ 是一个孪生质数，即 1931 与 1933 为一

对孪生质数。

m=10 时，由

$$36(35m+7)^2-1=4588163=2141\times 2143,$$

依定理 5.3.4，可知 $210m+42\pm 1$ 是一对孪生质数，即 2141 与 2143 为一对孪生质数。

依定理 5.1.1，令 $n=(35m+10)$，得定理 5.3.5。

定理 5.3.5 对于非负整数 m，$210m+60\pm 1$ 为一对孪生质数的充要条件是数

$$36(35m+10)^2-1$$

为两个质因数之积，此两质因数即为一对孪生质数。

例 5，m=0 时，由

$$36(35m+10)^2-1=3599=59\times 61,$$

依定理 5.3.5，可知 $210m+60\pm 1$ 是一对孪生质数，即 59 与 61 为一对孪生质数。

m=1 时，由

$$36(35m+10)^2-1=72899=269\times 271,$$

依定理 5.3.5，可知 $210m+60\pm 1$ 是一对孪生质数，即 269 与 271 为一对孪生质数。

m=2 时，由

$$36(35m+10)^2-1=230399=13\times 37\times 479,$$

依定理 5.3.5，可知 $210m+60\pm 1$ 不是孪生质数。

m=3 时，由

$$36(35m+10)^2-1=476099=13\times 53\times 691,$$

依定理 5.3.5，可知 $210m+60\pm 1$ 不是孪生质数。

m=4 时，由

$$36(35m+10)^2-1=809999=17\times 29\times 31\times 53,$$

依定理 5.3.5 可知 $210m+60\pm 1$ 不是孪生质数。

m=5 时，由

$$36(35m+10)^2-1=1232099=1109\times1111,$$

依定理 5.3.5，可知 $210m+60\pm1$ 是一个孪生质数，即 1109 与 1111 为一对孪生质数。

m=6 时，由

$$36(35m+10)^2-1=1742399=1319\times1321,$$

依定理 5.3.5，知 $210m+60\pm1$ 是一个孪生质数，即 1319 与 1321 为一对孪生质数。

m=7 时，由

$$36(35m+10)^2-1=2340899=11\times139\times1531,$$

依定理 5.3.5，可知 $210m+60\pm1$ 不是孪生质数。

m=8 时，由

$$36(35m+10)^2-1=3027599=37\times47\times1741,$$

依定理 5.3.5，可知 $210m+60\pm1$ 不是孪生质数。

m=9 时，由

$$36(35m+10)^2-1=3802499=1949\times1951,$$

依定理 5.3.5，可知 $210m+60\pm1$ 是一对孪生质数，即 1949 与 1951 为一对孪生质数。

m=10 时，由

$$36(35m+10)^2-1=4665599=17\times127\times2161,$$

依定理 5.3.5，可知 $210m+60\pm1$ 不是孪生质数。

依定理 5.1.1，令 $n=(35m+10)$，得

定理 5.3.6 对于非负整数 m，$210m+72\pm1$ 为一对孪生质数的充要条件是数

$$36(35m+12)^2-1$$

为两个质因数之积，此两质因数即为一对孪生质数。

例 6，m=0 时，由

$$36(35m+12)^2-1=5183=71\times73,$$

依定理 5.3.6，可知 $210m+72\pm1$ 是一对孪生质数，即 71 与 73 为一对孪生质数。

$m=1$ 时，由

$$36(35m+12)^2-1=79523=281\times283,$$

依定理 5.3.6 可知，$210m+72\pm1$ 是一对孪生质数，即 281 与 283 为一对孪生质数。

$m=2$ 时，由

$$36(35m+12)^2-1=242063=17\times29\times491,$$

依定理 5.3.6，可知 $210m+72\pm1$ 不是孪生质数。

$m=3$ 时，由

$$36(35m+12)^2-1=492803=19\times37\times701,$$

依定理 5.3.6，可知 $210m+72\pm1$ 不是孪生质数。

$m=4$ 时，由

$$36(35m+12)^2-1=831743=11\times83\times911,$$

依定理 5.3.6，可知 $210m+72\pm1$ 不是孪生质数。

$m=5$ 时，由

$$36(35m+12)^2-1=1258883=19\times59\times1123,$$

依定理 5.3.6，可知 $210m+72\pm1$ 不是孪生质数。

$m=6$ 时，由

$$36(35m+12)^2-1=1774223=113\times31\times43,$$

依定理 5.3.6，可知 $210m+72\pm1$ 不是孪生质数。

$m=7$ 时，由

$$36(35m+12)^2-1=2377763=23\times67\times1543,$$

依定理 5.3.6，可知 $210m+72\pm1$ 不是孪生质数。

$m=8$ 时，由

$$36(35m+12)^2-1=3069503=17\times103\times1753,$$

依定理 5.3.6，可知 $210m+72\pm1$ 不是孪生质数。

$m=9$ 时，由

$$36(35m+12)^2-1=3849443=13\times37\times53\times151,$$

依定理 5.3.6，可知 $210m+72\pm1$ 不是孪生质数。

$m=10$ 时，由

$$36(35m+12)^2-1=4717583=13\times41\times53\times167,$$

依定理 5.3.6，可知 $210m+72\pm1$ 不是孪生质数。

依定理 5.1.1，令 $n=(35m+17)$，得

定理 5.3.7 对于非负整数 m，$210m+102\pm1$ 为一对孪生质数的充要条件是数

$$36(35m+17)^2-1$$

为两个质因数之积，此两质因数即为一对孪生质数。

例 7，$m=0$ 时，由

$$36(35m+17)^2-1=10403=101\times103,$$

依定理 5.3.7，可知 $210m+102\pm1$ 是一对孪生质数，即 101 与 103 为一对孪生质数。

$m=1$ 时，由

$$36(35m+17)^2-1=97343=311\times313,$$

依定理 5.3.7，可知 $210m+102\pm1$ 是一对孪生质数，即 311 与 313 为一对孪生质数。

$m=2$ 时，由

$$36(35m+17)^2-1=272483=521\times523,$$

依定理 5.3.7 可知，$210m+102\pm1$ 是一对孪生质数，即 521 与 523 为一对孪生质数。

$m=3$ 时，由

$$36(35m+17)^2-1=535823=17\times43\times733,$$

依定理 5.3.7，可知 $210m+102\pm1$ 不是孪生质数。

$m=4$ 时，由

$$36(35m+17)^2-1=887363=23\times41\times941,$$

依定理 5.3.7，可知 $210m+102\pm1$ 不是孪生质数。

$m=5$ 时，由

$$36(35m+17)^2-1=1327103=1151\times1153,$$

依定理 5.3.7，可知 $210m+102\pm1$ 是一对孪生质数，即 1151 与 1153 为一对孪生质数。

$m=6$ 时，由

$$36(35m+17)^2-1=1855043=29\times47\times1361,$$

依定理 5.3.7，可知 $210m+102\pm1$ 不是一对孪生质数。

$m=7$ 时，由

$$36(35m+17)^2-1=2471183=112\times13\times1571,$$

依定理 5.3.7，可知 $210m+102\pm1$ 不是一对孪生质数。

$m=8$ 时，由

$$36(35m+17)^2-1=3175523=13\times137\times1783,$$

依定理 5.3.7，可知 $210m+102\pm1$ 不是一对孪生质数。

$m=9$ 时，由

$$36(35m+17)^2-1=3968063=11\times181\times1993,$$

依定理 5.3.7，可知 $210m+102\pm1$ 是一对孪生质数，即 1151 与 1153 为一对孪生质数。

$m=10$ 时，由

$$36(35m+17)^2-1=4848803=31\times71\times2203,$$

依定理 5.3.7，可知 $210m+102\pm1$ 不是孪生质数。

依定理 5.1.1，令 $n=(35m+18)$，得定理 5.3.8。

定理 5.3.8 对于非负整数 m，$210m+108\pm1$ 为一对孪生质数的充要条件是数

$$36(35m+18)^2-1$$

为两个质因数之积，此两质因数即为一对孪生质数。

例 8，$m=0$ 时，由

$$36(35m+18)^2-1=11663=107\times109,$$

依定理 5.3.8，可知 $210m+102\pm1$ 是一对孪生质数，即 107 与 109 为一对孪生质数。

$m=1$ 时，由

$$36(35m+18)^2-1=101123=11\times29\times317,$$

依定理 5.3.8，可知 $210m+102\pm1$ 不是孪生质数。

$m=2$ 时，由

$$36(35m+18)^2-1=278783=17\times31\times529,$$

依定理 5.3.8，可知 $210m+102\pm1$ 不是孪生质数。

$m=3$ 时，由

$$36(35m+18)^2-1=544643=11\times67\times739,$$

依定理 5.3.8，可知 $210m+102\pm1$ 不是孪生质数。

$m=4$ 时，由

$$36(35m+18)^2-1=898703=13\times73\times947,$$

依定理 5.3.8，可知 $210m+102\pm1$ 不是孪生质数。

$m=5$ 时，由

$$36(35m+18)^2-1=1340963=13\times19\times61\times89,$$

依定理 5.3.8，可知 $210m+102\pm1$ 不是孪生质数。

$m=6$ 时，由

$$36(35m+18)^2-1=1871423=372\times1367,$$

依定理 5.3.8，可知 $210m+102\pm1$ 不是孪生质数。

$m=7$ 时，由

$$36(35m+18)^2-1=2490083=19\times83\times1579,$$

依定理 5.3.8 可知 $210m+102\pm1$ 不是孪生质数。

$m=8$ 时，由

$$36(35m+18)^2-1=3196943=1787\times1789,$$

依定理 5.3.8，可知 $210m+102\pm1$ 是孪生质数，即 1787 与 1789 为一对孪生质数。

$m=9$ 时，由

$$36(35m+18)^2-1=3992003=1997\times1999,$$

依定理 5.3.8 可知，$210m+102\pm1$ 是孪生质数，即 1997 与 1999 为一对孪生质数。

$m=10$ 时，由

$$36(35m+18)^2-1=4875263=472\times2207,$$

依定理 5.3.8 可知 $210m+102\pm1$ 不是孪生质数。

依定理 5.1.1，令 $n=(35m+23)$，得定理 5.3.9。

定理 5.3.9 对于非负整数 m，$210m+138\pm1$ 为一对孪生质数的充要条件是数

$$36(35m+23)^2-1$$

为两个质因数之积，此两质因数即为一对孪生质数。

例 9，$m=0$ 时，由

$$36(35m+23)^2-1=19043=137\times139,$$

依定理 5.3.9，可知 $210m+138\pm1$ 是一对孪生质数，即 137 与 139 为一对孪生质数。

$m=1$ 时，由

$$36(35m+23)^2-1=121103=347\times349,$$

依定理 5.3.9，可知 $210m+138\pm1$ 是一对孪生质数，即 347 与 349 为一

个孪生质数。

m=2 时，由

$$36(35m+23)^2-1=311363=13\times 43\times 557,$$

依定理 5. 3. 9 可知 $210m+138\pm 1$ 不是孪生质数。

m=3 时，由

$$36(35m+23)^2-1=589823=13\times 59\times 769,$$

依定理 5. 3. 9，可知 $210m+138\pm 1$ 不是孪生质数。

m=4 时，由

$$36(35m+23)^2-1=956483=11\times 89\times 977,$$

依定理 5. 3. 9，可知 $210m+138\pm 1$ 不是孪生质数。

m=5 时，由

$$36(35m+23)^2-1=1411343=29\times 41\times 1187,$$

依定理 5. 3. 9，可知 $210m+138\pm 1$ 不是孪生质数。

m=6 时，由

$$36(35m+23)^2-1=1954403=11\times 127\times 1399,$$

依定理 5. 3. 9，可知 $210m+138\pm 1$ 不是孪生质数。

m=7 时，由

$$36(35m+23)^2-1=2585663=1607\times 1609,$$

依定理 5. 3. 9，可知 $210m+138\pm 1$ 是孪生质数，即 1607 与 1609 为一对孪生质数。

m=8 时，由

$$36(35m+23)^2-1=3305123=17\times 23\times 79\times 107,$$

依定理 5. 3. 9，可知 $210m+138\pm 1$ 不是孪生质数。

m=9 时，由

$$36(35m+23)^2-1=4112783=2027\times 2029,$$

依定理 5. 3. 9，可知 $210m+138\pm 1$ 是孪生质数，即 2027 与 2029 为一对

孪生质数。

$m=10$ 时，由

$$36(35m+23)^2-1=5008643=2237\times 2239,$$

依定理 5.3.9，可知 $210m+138\pm 1$ 是孪生质数，即 2237 与 2239 为一对孪生质数。

依定理 5.1.1，令 $n=(35m+25)$，得

定理 5.3.10 对于非负整数 m，$210m+150\pm 1$ 为一对孪生质数的充要条件是数

$$36(35m+25)^2-1$$

为两个质因数之积，此两质因数即为一对孪生质数。

例 10，$m=0$ 时，由

$$36(35m+25)^2-1=22499=149\times 151,$$

依定理 5.3.10，可知 $210m+138\pm 1$ 是一对孪生质数，即 149 与 151 为一对孪生质数。

$m=1$ 时，由

$$36(35m+25)^2-1=129599=19\times 19\times 359,$$

依定理 5.3.10，可知 $210m+138\pm 1$ 不是孪生质数。

$m=2$ 时，由

$$36(35m+25)^2-1=324899=569\times 571,$$

依定理 5.3.10 可知，$210m+138\pm 1$ 是一对孪生质数，即 569 与 571 为一对孪生质数。

$m=3$ 时，由

$$36(35m+25)^2-1=608399=11\times 19\times 41\times 71,$$

依定理 5.3.10，可知 $210m+138\pm 1$ 不是孪生质数。

$m=4$ 时，由

$$36(35m+25)^2-1=980099=23\times 43\times 991,$$

依定理 5.3.10，可知 $210m+138\pm1$ 不是孪生质数。

$m=5$ 时，由

$$36(35m+25)^2-1=1439999=11\times109\times1201,$$

依定理 5.3.10，可知 $210m+138\pm1$ 不是孪生质数。

$m=6$ 时，由

$$36(35m+25)^2-1=1988099=17\times83\times1409,$$

依定理 5.3.10，可知 $210m+138\pm1$ 不是孪生质数。

$m=7$ 时，由

$$36(35m+25)^2-1=2624399=1619\times1621,$$

依定理 5.3.10 可知 $210m+138\pm1$ 是孪生质数，即 1619 与 1621 为一对孪生质数。

$m=8$ 时，由

$$36(35m+25)^2-1=3348899=31\times59\times1831,$$

依定理 5.3.10，可知 $210m+138\pm1$ 不是孪生质数。

$m=9$ 时，由

$$36(35m+25)^2-1=4161599=13\times157\times2039,$$

依定理 5.3.10，可知 $210m+138\pm1$ 不是孪生质数。

$m=10$ 时，由

$$36(35m+25)^2-1=5062499=13\times173\times2251,$$

依定理 5.3.10，可知 $210m+138\pm1$ 不是孪生质数。

依定理 5.1.1，令 $n=(35m+28)$，得

定理 5.3.11 对于非负整数 m，$210m+168\pm1$ 为一对孪生质数的充要条件是数

$$36(35m+28)^2-1$$

为两个质因数之积，此两质因数即为一对孪生质数。

例 11，$m=0$ 时，由

$$36(35m+28)^2-1=28223=13\times13\times167,$$

依定理 5.3.11，可知 $210m+168\pm1$ 不是孪生质数。

$m=1$ 时，由

$$36(35m+28)^2-1=142883=13\times29\times379,$$

依定理 5.3.11，可知 $210m+168\pm1$ 不是孪生质数。

$m=2$ 时，由

$$36(35m+28)^2-1=345743=19\times31\times587,$$

依定理 5.3.11，可知 $210m+168\pm1$ 不是孪生质数

$m=3$ 时，由

$$36(35m+28)^2-1=636803=17\times47\times497,$$

依定理 5.3.11，可知 $210m+168\pm1$ 不是孪生质数。

$m=4$ 时，由

$$36(35m+28)^2-1=1016063=19\times53\times1009,$$

依定理 5.3.11 可知 $210m+168\pm1$ 不是孪生质数。

$m=5$ 时，由

$$36(35m+28)^2-1=1483523=23\times53\times1217,$$

依定理 5.3.11，可知 $210m+168\pm1$ 不是孪生质数。

$m=6$ 时，由

$$36(35m+28)^2-1=2039183=1427\times1429,$$

依定理 5.3.11，可知 $210m+168\pm1$ 是孪生质数，即 1427 与 1429 为一对孪生质数。

$m=7$ 时，由

$$36(35m+28)^2-1=2683043=11\times149\times1637,$$

依定理 5.3.11 可知 $210m+168\pm1$ 不是孪生质数。

$m=8$ 时，由

$$36(35m+28)^2-1=3415103=432\times1847,$$

依定理 5.3.11，可知 $210m+168\pm1$ 不是孪生质数。

$m=9$ 时，由

$$36(35m+28)^2-1=4235363=112\times17\times29\times71,$$

依定理 5.3.11 可知 $210m+168\pm1$ 不是孪生质数。

$m=10$ 时，由

$$36(35m+28)^2-1=5143823=2267\times2269,$$

依定理 5.3.11，可知 $210m+168\pm1$ 是孪生质数，即 2267 与 2269 为一对孪生质数。

依定理 5.1.1，令 $n=(35m+30)$，得

定理 5.3.12 对于非负整数 m，$210m+180\pm1$ 为一对孪生质数的充要条件是数

$$36(35m+30)^2-1$$

为两个质因数之积，此两质因数即为一对孪生质数。

例 12，$m=0$ 时，由

$$36(35m+30)^2-1=32399=179\times181,$$

依定理 5.3.12，可知 $210m+180\pm1$ 是孪生质数，即 179 与 181 为一对孪生质数。

$m=1$，由

$$36(35m+30)^2-1=152099=17\times23\times389,$$

依定理 5.3.12 可知 $210m+180\pm1$ 不是孪生质数。

$m=2$，由

$$36(35m+30)^2-1=359999=599\times601,$$

依定理 5.3.12，可知 $210m+180\pm1$ 是孪生质数，即 599 与 601 为一对孪生质数。

$m=3$，由

$$36(35m+30)^2-1=656099=809\times811,$$

依定理 5.3.12，可知 $210m+180\pm1$ 是孪生质数，即 809 与 811 为一对孪生质数。

$m=4$，由

$$36(35m+30)^2-1=1040399=1019\times1021,$$

依定理 5.3.12，可知 $210m+180\pm1$ 是孪生质数，即 1019 与 1021 为一对孪生质数。

$m=5$，由

$$36(35m+30)^2-1=1512899=1229\times1231,$$

依定理 5.3.12 可知，$210m+180\pm1$ 是孪生质数，即 1229 与 1231 为一对孪生质数。

$m=6$，由

$$36(35m+30)^2-1=2073599=11\times131\times1439,$$

依定理 5.3.12，可知 $210m+180\pm$ 不 1 是孪生质数。

$m=7$，由

$$36(35m+30)^2-1=2722499=13\times17\times12319,$$

依定理 5.3.12，可知 $210m+180\pm1$ 不是孪生质数。

$m=8$，由

$36(35m+30)^3-1=3459599=11\times13\times24193$，

依定理 5.3.12，可知 $210m+180\pm1$ 是孪生质数，即 1229 与 1231 为一对孪生质数。

$m=9$，由

$$36(35m+30)^2-1=4284899=19\times109\times2069,$$

依定理 5.3.12，可知 $210m+180\pm1$ 不是孪生质数。

$m=10$，由

$$36(35m+30)^2-1=5198399=43\times53\times2281。$$

依定理 5.3.12，可知 $210m+180\pm1$ 不是孪生质数。

依定理 5.1.1，令 $n=(35m+32)$，得定理 5.3.13。

定理 5.3.13 对于非负整数 m，$210m+192\pm1$ 为一对孪生质数的充要条件是数

$$36(35m+32)^2-1$$

为两个质因数之积，此两质因数即为一对孪生质数。

例 13：$m=0$ 时，由

$$36(35m+32)^2-1=36863=191\times193,$$

依定理 5.3.13，可知 $210m+192\pm1$ 是孪生质数，即 191 与 193 为一对孪生质数。

$m=1$ 时，由

$$36(35m+32)^2-1=161603=13\times31\times401,$$

依定理 5.3.13，可知 $210m+192\pm1$ 不是孪生质数。

$m=2$ 时，由

$$36(35m+32)^2-1=374543=13\times47\times613,$$

依定理 5.3.13，可知 $210m+192\pm1$ 不是孪生质数。

$m=3$ 时，由

$$36(35m+32)^2-1=675683=821\times823,$$

依定理 5.3.13，可知 $210m+192\pm1$ 是孪生质数，即 821 与 823 为一对孪生质数。

$m=4$ 时，由

$$36(35m+32)^2-1=1065023=1031\times1033,$$

依定理 5.3.13，可知 $210m+192\pm1$ 是孪生质数，即 1031 与 1033 为一对孪生质数。

$m=5$ 时，由

$$36(35m+32)^2-1=1542563=11\times17\times73\times113,$$

依定理 5.3.13，可知 $210m+192\pm1$ 不是孪生质数。

$m=6$ 时，由

$$36(35m+32)^2-1=2108303=1451\times1453,$$

依定理 5.3.13，可知 $210m+192\pm1$ 是孪生质数，即 1451 与 1453 为一对孪生质数。

$m=7$ 时，由

$$36(35m+32)-1=2762243=11\times151\times1663,$$

依定理 5.3.13，可知 $210m+192\pm1$ 不是孪生质数。

$m=8$ 时，由

$$36(35m+32)^2-1=3504383=1871\times1873$$

依定理 5.3.13，可知 $210m+192\pm1$ 是孪生质数，即 1871 与 1873 为一对孪生质数。

$m=9$ 时，由

$$36(35m+32)^2-1=4334723=2081\times2083,$$

依定理 5.3.13，可知 $210m+192\pm1$ 是孪生质数，即 1871 与 1873 为一对孪生质数。

$m=10$ 时，由

$$36(35m+32)^2-1=5253263=29\times79\times2293,$$

依定理 5.3.13，可知 $210m+192\pm1$ 不是孪生质数。

依定理 5.1.1，令 $n=(35m+33)$，得

定理 5.3.14 对于非负整数 m，$210m+198\pm1$ 为一对孪生质数的充要条件是数

$$36(35m+33)^2-1$$

为两个质因数之积，此两质因数即为一对孪生质数。

例 14，$m=0$ 时，由

$$36(35m+33)^2-1=39203=197\times199,$$

依定理 5.3.14，可知 $210m+198\pm1$ 是孪生质数，即 197 与 199 为一对孪

生质数。

m=1 时，由

$$36(35m+33)^2-1=166463=11\times37\times409,$$

依定理 5.3.14，可知 $210m+198\pm1$ 不是孪生质数。

m=2 时，由

$$36(35m+33)^2-1=381923=617\times619,$$

依定理 5.3.14 可知，$210m+198\pm1$ 是孪生质数，即 617 与 619 为一对孪生质数。

m=3 时，由

$$36(35m+33)^2-1=685583=827\times829,$$

依定理 5.3.14，可知 $210m+198\pm1$ 是孪生质数，即 827 与 829 为一对孪生质数。

m=4 时，由

$$36(35m+33)^2-1=1077443=17\times61\times1039,$$

依定理 5.3.14，可知 $210m+198\pm1$ 不是孪生质数。

m=5 时，由

$$36(35m+33)^2-1=1557503=29\times43\times1249,$$

依定理 5.3.14，可知 $210m+198\pm1$ 不是孪生质数。

m=6 时，由

$$36(35m+33)^2-1=2125763=31\times47\times1459,$$

依定理 5.3.14，可知 $210m+198\pm1$ 不是孪生质数。

m=7 时，由

$$36(35m+33)^2-1=2782223=1667\times1669,$$

依定理 5.3.14，可知 $210m+198\pm1$ 是孪生质数，即 1667 与 1669 为一对孪生质数。

m=8 时，由

$$36(35m+33)^2-1=3526883=1877\times1879,$$

依定理 5.3.14，可知 $210m+198\pm1$ 是孪生质数，即 1877 与 1879 为一对孪生质数。

$m=9$ 时，由

$$36(35m+33)^2-1=4359743=2087\times2089,$$

依定理 5.3.14，可知 $210m+198\pm1$ 是孪生质数，即 2087 与 2089 为一对孪生质数。

$m=10$ 时，由

$$36(35m+33)^2-1=5280803=11\times19\times25267,$$

依定理 5.3.14，可知 $210m+198\pm1$ 不是孪生质数。

依定理 5.1.1，令 $n=(35m+35)$，得

定理 5.3.15 对于非负整数 m，$210m+210\pm1$ 为一对孪生质数的充要条件是数

$$36(35m+35)^2-1$$

为两个质因数之积，此两质因数即为一对孪生质数。

例 15，$m=0$ 时，由

$$36(35m+35)^2-1=44099=11\times19\times211,$$

依定理 5.3.15，可知 $210m+210\pm1$ 不是孪生质数。

$m=1$ 时，由

$$36(35m+35)^2-1=176399=419\times421,$$

依定理 5.3.15，可知 $210m+210\pm1$ 是孪生质数，即 419 与 421 为一对孪生质数。

$m=2$ 时，由

$$36(35m+35)^2-1=396899=17\times37\times631,$$

依定理 5.3.15，可知 $210m+210\pm1$ 不是孪生质数。

$m=3$ 时，由

$$36(35m+35)^2-1=705599=29\times29\times839,$$

依定理 5.3.15，可知 $210m+210\pm1$ 不是孪生质数。

$m=4$ 时，由

$$36(35m+35)^2-1=1102499=1049\times1051,$$

依定理 5.3.15，可知 $210m+210\pm1$ 是孪生质数，即 1049 与 1051 为一对孪生质数。

$m=5$ 时，由

$$36(35m+35)^2-1=1587599=13\times97\times1259,$$

依定理 5.3.15，可知 $210m+210\pm1$ 不是孪生质数。

$m=6$ 时，由

$$36(35m+35)^2-1=2160899=13\times113\times1471,$$

依定理 5.3.15，可知 $210m+210\pm1$ 不是孪生质数。

$m=7$ 时，由

$$36(35m+35)^2-1=2822399=23\times412\times73,$$

依定理 5.3.15，可知 $210m+210\pm1$ 不是孪生质数。

$m=8$ 时，由

$$36(35m+35)^2-1=3572099=31\times61\times1889,$$

依定理 5.3.15，可知 $210m+210\pm1$ 不是孪生质数。

$m=9$ 时，由

$$36(35m+35)^2-1=4409999=11\times191\times2099,$$

依定理 5.3.15，可知 $210m+210\pm1$ 不是孪生质数。

$m=10$ 时，由

$$36(35m+35)^2-1=5336099=2309\times2311,$$

依定理 5.3.15，可知 $210m+210\pm1$ 是孪生质数，即 2309 与 2311 为一对孪生质数。

6 在计算机中输入公式求质数和孪生质数

§6.1 用奇合数公式求出质数和孪生质数

依奇数列中的合数分布定理4.1.1，对于任意正整数$a(a\geqslant 2)$，在区间$[1,(2a+1)^2]$内为合数的奇数，是$(a-1)$个不同阶数的奇合数等差数列$L_n(x)$：

$$L_n(x)=2(2x+1)n+(2x+1)^2,$$

$$x=1,\ 2,\ 3,\ \cdots,\ a,$$

因此，若奇数N为合数，则N为奇合数等差数列$L_n(x)$中的数，即

$$N=2(2x+1)n+(2x+1)^2,\ n=0,\ 1,\ 2,\ 3,\ \cdots$$

且$(2x+1)$为N的因数，由此得

$$n=[N-(2x+1)^2]/2(2x+1)。$$

若奇数N为合数$(2x+1)(2y+1)$，正整数x，y有

$$x\leqslant y,$$

则由

$$N=(2x+1)(2y+1)\geqslant(2x+1)^2,$$

得

$$x\leqslant(\sqrt{N}-1)\div 2\leqslant\sqrt{N}\div 2,$$

于是得到质数判定定理6.1.1。

定理6.1.1 对于在区间$[1,(2a+1)^2]$内的奇数N，则

当正整数$x\leqslant\sqrt{N}\div 2$时，若除式$[N-(2x+1)^2]\div 2(2x+1)$的商都不是整数时，N为质数，当有除式的商是整数时，N为合数，且$(2x+1)$为N的因数。

下面给出用此定理求质数、孪生质数的方法。

将一个奇合数公式：除式 $[N-(2x+1)^2]\div 2(2x+1)$ 输入电脑，编好计算程序， 就可进行数性判定、求出质数和进行合数分解。

例 1，求区间 [3000，3050] 内的质数、对奇合数给出其中的一个因数。

解：（注：下面说的“整数”均为非负整数，含有整数 0。）

设区间 [3000，3050] 内的奇数为 N。

$$x \leqslant (\sqrt{3050}\div 2 \leqslant 28,$$

对区间内的每一个奇数 N，由 x=1，2，3，…，28，都可得到除式的商，

N=3001 时，x=1，2，3，…，28 除式的商非整数，故 3001 为质数。

N=3003 时，x=1 除式的商有整数，故 3003 为合数，有因数 3。

N=3005 时，x=2 除式的商有整数，故 3005 为合数，有因数 5。

N=3007 时，x=15 除式的商有整数，故 3007 为合数，有因数 31。

N=3009 时，x=1 除式的商有整数，故 3007 为合数，有因数 3。

N=3011 时，x=1，2，…，28 除式的商非整数，故 3011 为质数。

N=3013 时，x=11 除式的商有整数，故 3013 为合数，有因数 23。

N=3015 时，x=2 除式的商有整数，故 3015 为合数，有因数 5。

N=3017 时，x=3 除式的商有整数，故 3017 为合数，有因数 7。

N=3019 时，x=1，2，…，28 除式的商非整数，故 3019 为质数。

N=3021 时，x=1 除式的商有整数，故 3021 为合数，且有因数 3。

N=3023 时，x=1，2，3，…，28 除式的商非整数，故 3023 为质数。

N=3025 时，x=2 除式的商有整数，故 3025 为合数，且有因数 5。

N=3027 时，x=1 除式的商有整数，故 3027 为合数，且有因数 3。

N=3029 时，x=6 除式的商有整数，故 3029 为合数，且有因数 13。

N=3031 时，x=3 除式的商有整数，故 3031 为合数，且有因数 7。

N=3033 时，x=1 除式的商有整数，故 3033 为合数，且有因数 3。

N=3035 时，x=2 除式的商有整数，故 3035 为合数，且有因数 5。

N=3037 时，x=1，2，3，…，28 除式的商非整数，故 3037 为质数。

N=3039 时，x=1 除式的商有整数，故 3039 为合数，且有因数 3。

N=3041 时，x=1，2，3，…，28 除式的商非整数，故 3041 为质数。

N=3043 时，x=8 除式的商有整数，故 3043 为合数，且有因数 17。

N=3045 时，x=2 除式的商有整数，故 3045 为合数，且有因数 5。

N=3047 时，x=5 除式的商有整数，故 3047 为合数，且有因数 11。

N=3049 时，x=1，2，3，…，28 除式的商非整数，故 3049 为质数。

故区间 [3000，3050] 内的质数；

3001，3011，3019，3023，3037，3041，3049。

为了提高效率，如果将多个奇合数公式串联起来，可对更大的数 N 进行数性判定和分解。串联很简单，将输入的一个公式不断复制就可解决，作者将 100 个奇合数公式串联起来，每当输入一个 x 值都可得到 100 个不同的除式，相当于用一个公式输入 100 次的效果，如 x=1，可得到 100 个除式，

$$[N-(2x+1)^2]\div 2(2x+1)\ ,\ x=1,\ 2,\ 3,\ 4,\ \cdots,\ 100。$$

进行数 N 的数性判定和合数分解，求出其中的质数。

当输入 x=100，可得到 100 个：x=101，102，103，104，…，200，的除式，当输入 x=200，可得到 100 个： x=201，202，203，204，…，300 的除式，…

例 2：求区间 [25300，25400] 内的质数、对奇合数给出其中的一个因数。

解：（注：下面说的“整数”均为非负整数，含有整数 0。）

设区间 [25300，25400] 内的奇数为 N。

$$x \leqslant (\sqrt{25400} \div 2 \leqslant 80,$$

下面用 100 个奇合数公式串联起来，对区间内的每一个 N 只要输入 x=1 即可得到 80 个除式的商，再依定理 5. 1. 1，就可判定 N 的数性和因数。

仅当 N 为下列数时，80 个除式的商无整数，

25301，25303，25307，25309，25321，25339，

25343，25349，25357，25367，25373，25391。

依定理 6.1.1 这 12 个数是区间［25300，25400］内的质数。

上述用定理 5.1.1 求质数、孪生质数的方法，与古典的“试除法”不同，一是此方法不要求输入的奇数是小于$\sqrt{N}$的质数，只是小于$\sqrt{N}$的奇数，而小于$\sqrt{N}$的质数与小于$\sqrt{N}$的奇数有天壤之别；二是可用串联公式解决多次输入奇数；三是适用计算机的快速方便编制计算程序！

如果上述方法中，要求输入的奇数是小于$\sqrt{N}$的质数，依定理 4.3.1，可得到下面定理。

定理 6.1.2 对于在区间［1，$(2a+1)^2$］内的奇数 N，则：

当正整数 $x \leqslant \sqrt{N} \div 2$ 时，若除式［$N-(2x+1)$］$^2 \div 2(2x+1)$ 的商都不是整数时，N 为质数。当有除式的商是整数时，N 为合数，且只须 $(2x+1)$ 为 N 的质因数。

我们知道区间［1，10］最基本的三个质数 3，5，7，利用区间［1，10］内的这三个质数，依定理 5.1.2 可求出区间［10，100］内的质数，利用区间［1，100］内的质数，依定理 5.1.2. 进而求出［100，10000］内的质数，又利用区间［1，10000］内的质数，依定理 5.1.2. 求出［10000，1000000000］内的质数，……直至求出任意大的质数。

为方便读者，给出由质数

$(2x+1)$=3，5，7，11，13，17，19，23，29，

31，37，41，43，47，53，…

对应的 x 为

1，2，3，5，6，8，9，11，14，15，18，20，21，23，26，…

和分别得到对应的奇合数公式：

$L_n(1)=6N+9$；$L_n(2)=10N+25$；$L_n(3)=14N+49$；

$L_n(5)=22N+121$；$L_n(6)=26N+169$；$L_n(8)=34N+289$；

$L_n(9)=38N+361$；$L_n(11)=46N+529$；$L_n(14)=58N+841$；

$L_n(15)=62N+961$；$L_n(18)=74N+1369$；$L_n(20)=82N+1681$；

$L_n(21)=86N+1849$；$L_n(23)=94N+2209$；$L_n(26)=106N+2809$；

…

记住定理 5.1.2 和 3 个 10 以内的质数 3.5.7 就可逐步求出所有质数。

当给出的合数为偶数时先通过除以 2，再对奇数分解。因此下面给出的 N 都是奇数。

对区间 [1，100] 内的奇数 N 进行数性判定，合数时分解，求出其中的质数和孪生质数：

将下面 3 个公式输入计算机，依定理编好运算程序，

$$[N-9]/6 \quad [N-25]/10 \quad [N-49]/14。$$

给出区间 [1，100] 内的奇数 N，若 3 个公式的商都不是整数，则 N 是质数；若 3 个公式的商有整数，则 N 为合数，且整数商除式的分母除以 2 是 N 的质因数。

例 1，对区间 [10，100] 内的奇数 N，对 N 进行数性判定，合数时分解质因数相乘。

解：将 N 代入三个除式

N=11 时，3 个公式都不是整数，故 11 是质数。

N=13 时，3 个公式都不是整数，故 13 是质数。

N=15 时，公式 $[N-9]/6$ 和 $[N-25]/10$：是整数，故 15 是合数，且 15=3×5。

N=17 时，3 个公式都不是整数，故 17 是质数。

N=19 时，3 个公式都不是整数，故 19 是质数。

N=21 时，公式 $[N-9/6$ 和 $[N-21/14$：是整数，故 21 是合数，且 21=3×7。

N=23 时，3 个公式都不是整数，故 23 是质数。

N=25 时，$[N-25]/10$ 是整数，故 25 是合数，且 25=5×5。

N=27 时，公式 $[N-9]/6$ 是整数，故 27 是合数，且 27=3×3×3。

N=29 时， 3 个公式都不是整数，故 29 是质数。

N=31 时， 3 个公式都不是整数，故 31 是质数。

N=33 时，公式 [N-9]/6 是整数，故 33 是合数，且 33=3×11。

N=35 时，公式 [N-25]/10 和 [N-21]/14 是整数，故 35 是合数，且 35=5×7。

N=37 时， 3 个公式都不是整数，故 37 是质数。

N=39 时，公式 [N-9]/6 是整数，故 39 是合数，且 39=3×13。

N=41 时， 3 个公式都不是整数，故 41 是质数。

N=43 时， 3 个公式都不是整数，故 43 是质数。

N=45 时，公式 [N-9]/6 和 [N-25]/10 是整数，故 45 是合数，且 45=3×3×5。

N=47 时，3 个公式都不是整数，故 47 是质数。

N=49 时，公式 [N-21]/14 是整数，故 49 是合数，且 49=7×7。

N=51 时，公式 [N-9]/6 是整数，故 51 是合数，且 51=3×17。

N=53 时，3 个公式都不是整数，故 53 是质数。

N=55 时，公式 [N-25]/10 是整数，故 55 是合数，且 55=5×11。

N=57 时，公式 [N-9]/6 是整数，故 57 是合数，且 57=3×19。

N=59 时，3 个公式都不是整数，故 59 是质数。

N=61 时，3 个公式都不是整数，故 61 是质数。

N=63 时，公式 [N-9]/6 和 [N-49]/14 是整数，故 63 是合数，且 63=3×3×7。

N=65 时，公式 [N-25]/10 是整数，故 65 是合数，且 65=5×13。

N=67 时，3 个公式都不是整数，故 67 是质数。

N=69 时，公式 [N-9]/6 是整数，故 69 是合数，且 69=3×23。

N=71 时，3 个公式都不是整数，故 71 是质数。

N=73 时，3 个公式都不是整数，故 73 是质数。

N=75 时，公式 [N-9]/6 和 [N-25]/10 是整数，故 75 是合数，且 75=3×5×5。

N=77 时，公式 [N-49]/14 是整数，故 77 是合数，且 77=7×11。

N=79 时，3 个公式都不是整数，故 79 是质数。

N=81 时，公式 [N-9]/6 是整数，故 81 是合数，且 81=3×3×3×3。

N=83 时，3 个公式都不是整数，故 83 是质数。

N=85 时，公式 [N-25]/10 是整数，故 85 是合数，且 85=5×17。

N=87 时，公式 [N-9]/6 是整数，故 87 是合数，且 87=3×29。

N=89 时，3 个公式都不是整数，故 89 是质数。

N=91 时，公式 [N-49]/14 是整数，故 91 是合数，且 91=7×13。

N=93 时，公式 [N-9]/6 是整数，故 93 是合数，且 93=3×31。

N=95 时，公式 [N-25]/10 是整数，故 95 是合数，且 95=5×19。

N=97 时，3 个公式都不是整数，故 97 是质数。

N=99 时，公式 [N-9]/6 是整数，故 99 是合数，且 99=3×3×11。

故区间 [10，100] 内的质数有（共 21 个）：

11，13，17，19，23，29，31，37，41，43，47，

53，59，61，67，71，73，79，83，89，97。

依相邻两奇都为质数即为一个孪生质数，于是得到 100 以内的孪生质数：

(3，5)，(5，7)，(11，13)，(17，19)，

(29，31)，(41，43)，(59，61)，(71，73)。

对区间 [100，10000] 内的奇数 N 进行数性判定，合数时分解，求出其中质数和孪生质数。

将下面 24 个公式输入计算机，依定理编好运算程序，

[N-9]/6　　[N-25]/10　　[N-49]/14，

[N-121]/22　　[N-169]/26　　[N-289]/34，

[N-361]/38　　[N-529]/46　　[N-841]/58，

[N-961]/62　[N-1369]/74　[N-1681]/82，

[N-1849]/86　[N-2209]/94　[N-2809]/106，

[N-3481]/118　[N-3721]/122　[N-4489]/134，

[N-5041]/142　[N-5329]/146　[N-6241]/158，

[N-6889]/166　[N-7921]/178　[N-9409]/194。

N 按由小到大顺序，取等于区间 [100，10000] 内的奇数。

给出区间 [100，10000] 内的奇数 N，若 24 个公式的商都不是非负整数，则 N 是质数；若 24 个公式的商有非负整数，则 N 为合数，且整数商除式的分母除以 2 是 N 的质因数。

例 2，对区间 [100，210] 内的奇数 N 进行数性判定，合数时分解出质因数。

解：将 N 代入上述 24 个公式（注：下面说的“整数”均为非负整数）

N=101 时，24 个公式都不是整数，故 101 是质数。

N=103 时，24 个公式都不是整数，故 103 是质数。

N=105 时，公式 [N-9]/6、[N-25]/10 和 [N-49]/14 是整数，故 105 是合数，且 105=3×5×7。

N=107 时，24 个公式都不是整数，故 107 是质数。

N=109 时，24 个公式都不是整数，故 109 是质数。

N=111 时，公式 [N-9]/6 和 [N-1369]/74 是整数，故 111 是合数，且 111=3×37。

N=113 时，24 个公式都不是整数，故 113 是质数。

N=115 时，公式 [N-25]/10 和 [N-529]/46 是整数，故 115 是合数，且 115=5×23。

N=117 时，公式 [N-9]/6 和 [N-169]/26 是整数，故 117 是合数，且 117=3×3×13。

N=119 时，公式 [N-49]/14 和 [N-289]/34 是整数 7 和 17，故 119 是合数，

且 117=7×17。

N=121 时，公式 [N-121]/22 是整数 11，故 121 是合数，且 121=11×11。

N=123 时，公式 [N-9]/6 和 [N-1681]/82 是整数 3，故 123 是合数，且 123=3×41。

N=125 时，公式 [N-25]/10 是整数，故 125 是合数 5，且 125=5×5×5。

N=127 时，24 个公式都不是整数，故 127 是质数。

N=129 时，公式 [N-9]/6 和 [N-1849]/86 是整数，故 129 是合数，且 129=3×43。

N=131 时，24 个公式都不是整数，故 131 是质数。

N=133 时，公式 [N-49]/14 和 [N-361]/38 是整数，故 133 是合数，且 129=7×19。

N=135 时，公式 [N-9]/6 和 [N-25]/10 是整数，故 125 是合数，且 125=3×3×3×5。

N=137 时，24 个公式都不是整数，故 137 是质数。

N=139 时，24 个公式都不是整数，故 139 是质数。

N=141 时，公式 [N-9]/6 和 [N-2209]/94 是整数，故 141 是合数，且 141=3×47。

N=143 时，公式 [N-121]/22 和 [N-169]/26 是整数，故 143 是合数，且 143=11×13。

N=145 时，公式 [N-25]/10 和 [N-841]/58 是整数， 故 145 是合数，且 145=5×29。

N=147 时，公式 [N-9]/6 和 [N-49]/14 是整数，故 147 是合数，且 125=3×7×7。

N=149 时，24 个公式都不是整数，故 149 是质数。

N=151 时，24 个公式都不是整数，故 151 是质数。

N=153 时，公式 [N-9]/6 和 [N-289]/34 是整数，故 153 是合数，且

153=3×3×17。

N=155 时，公式 [N-25]/10 和 [N-961]/62 是整数，故 155 是合数，且 153=5×31。

N=157 时，24 个公式都不是整数，故 157 是质数。

N=159 时，公式 [N-9]/6 和 [N-2809]/106，是整数，故 159 是合数，且 159=3×53。

N=161 时，公式 [N-49]/14 和 [N-529]/46，是整数，故 161 是合数，且 161=7×23。

N=163 时，24 个公式都不是整数，故 163 是质数。

N=165 时，公式 [N-9]/6 和 [N-25]/10 等是整数，故 165 是合数，且 153=3×5×11。

N=167 时，24 个公式都不是整数，故 167 是质数。

N=169 时，公式 [N-169]/26 是整数，故 169 是合数，且 169=13×13。

N=171 时，公式 [N-9]/6 和 [N-361]/38 是整数，故 171 是合数，且 171=3×3×19。

N=173 时，24 个公式都不是整数，故 173 是质数。

N=175 时，公式 [N-49]/14 和 [N-25]/10 是整数，故 175 是合数，且 175=5×5×7。

N=177 时，公式 [N-9]/6 和 [N-3481]/118 是整数，故 177 是合数，且 177=3×59。

N=179 时，24 个公式都不是整数，故 179 是质数。

N=181 时，24 个公式都不是整数，故 181 是质数。

N=185 时，公式 [N-25]/10 和 [N-1369]/74 是整数，故 185 是合数，且 185=5×37。

N=187 时，公式 [N-121]/22 和 [N-289]/34 是整数，故 187 是合数，且 187=11×17。

N=189 时，公式 [N-9]/6 和 [N-49]/14 是整数，故 189 是合数，且 189=3×3×3×7。

N=191 时，24 个公式都不是整数，故 191 是质数。

N=193 时，24 个公式都不是整数，故 193 是质数。

N=195 时，公式 [N-6]/9 和 [N-25]/10 等是整数，故 195 是合数，且 195=3×5×13。

N=197 时，24 个公式都不是整数，故 197 是质数。

N=199 时，24 个公式都不是整数，故 193 是质数。

N=201 时，公式 [N-9]/6 和 [N-4489]/134 是整数，故 201 是合数，且 201=3×67。

N=203 时，公式 [N-49]/14 和 [N-841]/58 是整数，故 203 是合数，且 203=7×29。

N=205 时，公式 [N-25]/10 和 [N-1681]/82 是整数，故 205 是合数，且 205=5×41。

N=207 时，公式 [N-9]/6 和 [N-529]/46 是整数，故 207 是合数，且 207=3×3×23。

N=209 时，公式 [N-121]/22 和 [N-361]/38 是整数，故 207 是合数，且 209=11×19。

例 2，对区间 [9800，10000] 内的奇数 N 进行数性判定，合数时分解出质因数。

解：将 N 代入上述 24 个公式（注：下面说的“整数”均为非负整数）

N=9801 时，公式 [N-121]/22 等是整数，故 9801 是合数，且 9801=3^4×11^2。

N=9803 时，24 个公式都不是整数，故 9803 是质数。

N=9805 时，公式 [N-25]/10 等是整数，故 9805 是合数，且 9805=5×37×53。

N=9807 时，公式 [N-9]/6 和 [N-49]/14 等是整数，故 9807 是合数，且 9807=3×7×467。

N=9809 时，公式 [N-289]/34 等是整数，故 9809 是合数，且 9809=17×577。

N=9811 时，24 个公式都不是整数，故 9811 是质数。

N=9813 时，公式 [N-9]/6 等是整数，故 9813 是合数，且 9813=3×3271。

N=9815 时，公式 [N-25]/10 等是整数，故 9815 是合数，且 9815=5×197。

N=9817 时，24 个公式都不是整数，故 9817 是质数。

N=9819 时，公式 [N-9]/6 等是整数，故 9819 是合数，且 9819=3×3273。

N=9821 时，公式 [N-49]/14 和 [N-529]/46 是整数，故 9821 是合数，且 9821=7×23×61。

N=9823 时，公式 [N-121]/22 和 [N-361]/38 等是整数，故 9823 是合数，且 9823=11×19×47。

N=9825 时，公式 [N-9]/6 和 [N-25]/10 等是整数，故 9825 是合数，且 9825=3×5×5×131。

N=9827 时，公式 [N-961]/62 等是整数，故 9827 是合数，且 9827=31×317。

N=9829 时，24 个公式都不是整数，故 9829 是质数。

N=9831 时，公式 [N-9]/6 和 [N-841]/58 等是整数，故 9831 是合数，且 9831=3×29×113。

N=9833 时，24 个公式都不是整数，故 9833 是质数。

N=9835 时，公式 [N-25]/10 和 [N-49]/14 等是整数，故 9835 是合数，且 9835=5×7×281。

N=9837 时，公式 [N-9]/6 是整数，故 9837 是合数，且 9837=3×3×1093。

N=9839 时，24 个公式都不是整数，故 9839 是质数。

N=9841 时，公式 [N-169]/26 等是整数，故 9841 是合数，且 9841=13×757。

N=9843 时，公式 [N-9]/6 和 [N-289]/34 等是整数，故 9843 是合数，且 9843=3×17×193。

N=9845 时，公式 [N-25]/10 和 [N-121]/22 等是整数，故 9845 是合数，

且 9845=5×11×179。

N=9847 时，公式 [N-1849]/86 是整数，故 9847 是合数，且 9847=43×229。

N=9849 时，公式 [N-9]/6 和 [N-49]/14 等是整数，故 9849 是合数，且 9849=3×7×7×67。

N=9851 时，24 个公式都不是整数，故 9851 是质数。

N=9853 时，公式 [N-3481]/118 等是整数，故 9853 是合数，且 9853=59×167。

N=9855 时，公式 [N-25]/10 和 [N-729]/54 等是整数，故 9855 是合数，且 9855=5×27×73。

N=9857 时，24 个公式都不是整数，故 9857 是质数。

N=9859 时，24 个公式都不是整数，故 9859 是质数。

N=9861 时，公式 [N-9]/6 和 [N-361]/38 等是整数，故 9861 是合数，且 9861=3×19×173。

N=9863 时，公式 [N-49]/14 等是整数，故 9863 是合数，且 9863=7×1409。

N=9865 时，公式 [N-25]/10 等是整数，故 9865 是合数，且 9865=5×1973。

N=9867 时，公式 [N-9]/6 和 [N-121]/22 等是整数，故 9867 是合数，且 9867=3×11×13×23。

N=9869 时，公式 [N-5041]/142 等是整数，故 9869 是合数，且 9869=71×139。

N=9871 时，24 个公式都不是整数，故 9871 是质数。

N=9873 时，公式 [N-9]/6 等是整数，故 9873 是合数，且 9873=3×3291。

N=9875 时，公式 [N-25]/10 和 [N-6241]/158 等是整数，故 9875 是合数，且 9875=5×5×5×79。

N=9877 时，公式 [N-49]/14 和 [N-289]/34 等是整数，故 9877 是合数，且 9877=7×17×83。

N=9879 时，公式 [N-9]/6 和 [N-1369]/74 等是整数，故 9879 是合数，且 9879=3×37×89。

N=9881 时，公式 [N-1681]/82 等是整数，故 9881 是合数，且 9881=41×241。

N=9883 时，24 个公式都不是整数，故 9883 是质数。

N=9885 时，公式 [N-25]/10 等是整数，故 9885 是合数，且 9885=5×1977。

N=9887 时，24 个公式都不是整数，故 9887 是质数。

N=9889 时，公式 [N-121]/22 和 [N-841]/58 等是整数，故 9889 是合数，且 9889=11×29×31。

N=9891 时，公式 [N-9]/6 和 [N-49]/14 等是整数，故 9891 是合数，且 9891=3×3×7×157。

N=9893 时，公式 [N-169]/26 等是整数，故 9893 是合数，且 9893=13×761。

N=9895 时，公式 [N-25]/10 等是整数，故 9895 是合数，且 9895=5×1979。

N=9897 时，公式 [N-9]/6 等是整数，故 9897 是合数，且 9897=3×3299。

N=9899 时，公式 [N-361]/38 等是整数，故 9899 是合数，且 9899=19×521。

N=9901 时，24 个公式都不是整数，故 9901 是质数。

N=9903 时，公式 [N-9]/6 等是整数，故 9903 是合数，且 1067=3×3301。

N=9905 时，公式 [N-25]/10 和 [N-49]/14 等是整数，

故 9905 是合数，且 9905=5×7×283。

N=9907 时，24 个公式都不是整数，故 9907 是质数。

N=9909 时，公式 [N-9]/6 等是整数，故 9909 是合数，且 9909=3×3×3×367。

N=9911 时，公式 [N-121]/22 和 [N-289]/34 等是整数，故 9911 是合数，且 9909=11×17×53。

N=9913 时，公式 [N-529]/46 等是整数，故 9913 是合数，且 9913=23×431。

N=9915 时，公式 [N-9]/6 和 [N-25]/10 等是整数，故 9915 是合数，且 9915=3×5×661。

N=9917 时，公式 [N-2209]/94 等是整数，故 9917 是合数，且 9917=47×211。

N=9919 时，公式 [N-49]/14 和 [N-169]/26 等是整数，故 9919 是合数，且 9919=7×13×109。

N=9921 时，公式 [N-9]/6 等是整数，故 9921 是合数，且 9921=3×3307。

N=9923 时，24 个公式都不是整数，故 9923 是质数。

N=9925 时，公式 [N-25]/10 等是整数，故 9925 是合数，且 9925=5×5×397。

N=9927 时，公式 [N-9]/6 是整数，故 9927 是合数，且 9927=3×3×1103。

N=9929 时，24 个公式都不是整数，故 9929 是质数。

N=9931 时，24 个公式都不是整数，故 9931 是质数。

N=9933 时，公式 [N-9]/6 和 [N-121]/22 等是整数，故 9933 是合数，且 9933=3×11×301。

N=9935 时，公式 [N-25]/10 等是整数，故 9935 是合数，且 9935=5×1987。

N=9937 时，公式 [N-361]/38 等是整数，故 9937 是合数，且 9937=19×523。

N=9939 时，公式 [N-9]/6 等是整数，故 9939 是合数，且 9939=3×3313。

N=9941 时，24 个公式都不是整数，故 9941 是质数。

N=9943 时，公式 [N-3721]/122 等是整数，故 9943 是合数。

故 9943 是合数，且 9943=61×163。

N=9945 时，公式 [N-9]/6 和 [N-25]/10 等是整数，故 9945 是合数，且 9945=3×3×5×13×17。

N=9947 时，公式 [N-49]/14 和 [N-841]/58 是整数，故 9947 是合数，且 9947=7×7×7×29。

N=9949 时，24 个公式都不是整数，故 9949 是质数。

N=9951 时，公式 [N-9]/6 和 [N-961]/62 等是整数，故 9951 是合数，且 9951=3×31×107。

N=9953 时，公式 [N-1369]/74 整数，故 9953 是合数，且 9953=37×269。

N=9955 时，公式 [N-25]/10 和 [N-121]/22 等是整数，故 9955 是合数，且 9955=5×11×181。

N=9957 时，公式 [N-9]/6 等是整数，故 9957 是合数，且 9957=3×3319。

N=9959 时，公式 [N-529]/46 等是整数，故 9959 是合数，且 9959=23×433。

N=9961 时，公式 [N-49]/14 是整数，故 9961 是合数，且 9961=7×1423。

N=9963 时，公式 $[N-9]/6$ 等是整数，故 9963 是合数，且 9963=3×3×3×3×3×41。

N=9965 时，公式 $[N-25]/10$ 是整数，故 9965 是合数，且 9965=5×1993。

N=9967 时，24 个公式都不是整数，故 9967 是质数。

N=9969 时，公式 $[N-9]/6$ 是整数，故 9969 是合数，且 9969=3×3323。

N=9971 时，公式 $[N-169]/26$ 等是整数，故 9971 是合数，且 9971=13×13×59。

N=9973 时，24 个公式都不是整数，故 9973 是质数。

N=9975 时，公式 $[N-9]/6$ 和 $[N-25]/10$ 等是整数，故 9975 是合数，且 9965=3×5×5×7×19。

N=9977 时，公式 $[N-121]/22$ 是整数，故 9977 是合数，且 9977=11×907。

N=9979 时，公式 $[N-289]/34$ 是整数，故 9979 是合数，且 9979=17×587。

N=9981 时，公式 $[N-9]/6$ 是整数，故 9981 是合数，且 9981=3×3×1109。

N=9983 时，公式 $[N-4489]/134$ 是整数，故 9983 是合数，且 9983=67×149。

N=9985 时，公式 $[N-25]/10$ 是整数，故 9985 是合数，且 9985=5×1997。

N=9987 时，公式 $[N-9]/6$ 是整数，故 9987 是合数，且 9987=3×3329。

N=9989 时，公式 $[N-45]/14$ 是整数，故 9989 是合数，且 9989=7×1427。

N=9991 时，公式 $[N-9409]/194$ 是整数，故 9985 是合数，且 9985=97×103。

N=9993 时，公式 $[N-9]/6$ 是整数，故 9993 是合数，且 9993=3×3331。

N=9995 时，公式 $[N-25]/10$ 是整数，故 9995 是合数，且 9995=5×1999。

N=9997 时，公式 $[N-169]/26$ 是整数，故 9997 是合数，且 9997=13×769。

N=9999 时，公式 $[N-9]/6$ 和 $[N-121]/22$ 是整数，故 9999 是合数，且 9999=3×3×11×101。

由上述列子可知，有了 10 以内的质数，就可以求出 10^2 以内的质数和孪生质数，有了 10^2 以内的质数，就可以求出 10^4 以内的质数和孪生质数，有了 10^4 以内的质数，就可以求出 10^8 以内的质数和孪生质数，从而求出更大的质数和孪生质数。

§6.2 用自然数质数因数判定公式 $CLZY\Delta\ (N.y)$ 求质数和孪生质数

依定理 1.1.1，若 N 为大于 7 的质数，则必存在非负整数 m 和 k，使得

$$N=210m+k,$$

其中 $k\in$ F，且集合

F={1，11，13，17，19，23，29，31，37，41，43，47，53，59，61，67，71，73，79，83，89，97，101，103，107，109，113，121，127，131，137，139，143，149，151，157，163，167，169，173，179，181，187，191，193，197，199，209}。

若 $N=210m+k$ 为合数，则存在正整数 x、y 和 α、β，使得 $N=210m+k$ 可表为两个因数（$210x+\alpha$）与（$210y+\beta$）之积，即

$$N=210m+k=(2x+\alpha)(2y+\beta),$$

其中 α、β $\in$ F，设 $\alpha\leqslant\beta$，则有

$$(210x+\alpha)^2\leqslant(210x+\alpha)(210y+\beta)=N,$$

由此得

$$(210x+\alpha)\leqslant\sqrt{N},$$

即有

$$x\leqslant(\sqrt{N}-\alpha)\div 210\leqslant\sqrt{N}\div 210。$$

于是得到，若 $N=210m+k$ 为合数，最小质因数为（$210x+\alpha$），则

$$0\leqslant x\leqslant\sqrt{N}\div 210。$$

若 N 为自然数，N 只能是偶数或为奇数，偶数必能被 2 整除，奇数中的质因数只能是 3、5、7 三个或 48 个 $210m+k$ 中的质数，于是有定理 6.2.1。

定理 6.2.1 对于自然数 N，作 52 个除式：

$$N\div 2，N\div 3，N\div 5，N\div 7，N\div(210x+\alpha)，\alpha \in F$$

（1）如果 $0\leqslant x\leqslant\sqrt{N}\div 210$ 时，52 个除式的商都无大于 1 的正整数，则 N 为质数。

（2）如果 $0\leqslant x\leqslant\sqrt{N}\div 210$ 时，52 个除式中的商有大于 1 正整数，则 N 为合数，且此除式的分母和商均为 N 的因数。

显然，定理 5.2.1 就是书［1］中的自然数的质数因数判定公式 *CLZY*Δ（*N. y*）。

下面，我们用自然数的质数因数判定公式 *CLZY*Δ（*N. y*），解决自然数中的数性判定、求质数、求孪生质数和合数分解等问题。

例 1，当 N 为下列数时，分别给出数性判定，合数时分解成质因数相乘：（1）138567，（2）658525，（3）239593，（4）471062，（5）800011。

解：

（1）N=138567 时，$0\leqslant x\leqslant\sqrt{N}\div 210\leqslant 2$，52 个除式有整数商：

$N\div 3=46189$，

$x=0$，　$N\div(210x+11)=N\div 11=12597$，

$N\div(210x+13)=N\div 13=10659$，

$N\div(210x+19)=N\div 19=7293$，

$N\div(210x+17)=N\div 17=8151$，

故 138567 是合数，且 138567=3×11×13×17×19。

（2）N==658525 时，$0\leqslant x\leqslant\sqrt{N}\div 210\leqslant 4$，52 个除式有整数商：

$N\div 5=131705$，

$N\div 7=94075$，

$x=0$，　$N\div(210x+53)=N\div 53=12425$，

$N\div(210x+71)=N\div 71=9275$，

故 658525 是合数，且 658525=5×5×7×53×71。

（3）N=239593 时，$0 \leqslant x \leqslant \sqrt{N} \div 210 \leqslant 3$，52 个除式有整数商：

x=1，$N\div(210x+53)= N\div 263=911$，

x=4，$N\div(210x+71)= N\div 911=263$，

故是合数，且 239593=263×911。

（4）N=471062 时，$0 \leqslant x \leqslant \sqrt{N} \div 210 \leqslant 4$，52 个除式有整数商：

$N\div 2=235531$

x=1，$N\div(210x+107)= N\div 317=1486$，

x=3，$N\div(210x+113)= N\div 743=634$，

故 471062 是合数，且 471062=2×317×743。

（5）N=800011 时，$0 \leqslant x \leqslant \sqrt{N} \div 210 \leqslant 5$，52 个除式没有整数商，故 800011 是质数。

用自然数的质数因数判定公式 *CLZY*△（*N. y*）时，有几点要注意。

（1）因为给出的自然数 N 是否有质因数 2 或 5，只须看 N 的个位数即可；是否有质因数 3，只须看 N 的个位数之和能否被 3 整除即可，对于 N 是否有质因数 7，如果 N 不是很大，也可用心算解决，因此为了提高效率，先分解出 N 中所含有的质因数 2、3、5、7。

（2）为了方便解决更大的任意自然数的判、求、分三个问题，可以把自然数的质数因数判定公式 *CLZY*△（*N. y*）串联起来。每输入一个 $x=a$ 的值，如果不串联只得到 52 个除式都是 $x=a$ 时的商，如果将两 100 个串联起来，输入一个 x=1 的值，相当于不串联时连续输入 100 次：x=1，2，3，…，100。

下面利用自然数的质数因数判定公式 *CLZY*△（*N. y*），

例 2，判定下列各数所在的数列，数性、合数时分解成质因数。

（1）1111111111，（2）2222222221，（3）3333333331，

（4）4444444441，（5）5555555551，（6）6666666661，

（7）7777777771，（8）8888888881，（9）9999999991。

解：这 9 个十位数，可用串联起来的质数因数判定公式 *CLZY*△（*N. y*），

解决。

（1）由 1111111111=210×5291005+61，可知在数列

$$a_m=210m+61$$

中，m=5291005：由质数因数判定公式 $CLZY\Delta$（$N.y$），可知其是合数，且有

$$1111111111=11\times41\times271\times9091。$$

（2）由 2222222221=210×10582010+121，可知在数列

$$a_m=210m+121$$

中，m=10582010：由质数因数判定公式 $CLZY\Delta$（$N.y$），可知其是合数，且有

$$2222222221=89\times24968789。$$

（3）由 3333333331=210×15873015+181，可知在数列

$$a_m=210m+181$$

中，m=15873015：由质数因数判定公式 $CLZY\Delta$（$N.y$），可知其是合数，且有

$$3333333331=673\times4952947。$$

（4）由 4444444441=210×21164021+31，可知在数列

$$a_m=210m+31$$

中，m=21164021，由质数因数判定公式 $CLZY\Delta$（$N.y$），可知其是质数。

（5）由 5555555551=210×26455026+91，可知其不在数列

$$a_m=210m+k，k\in \mathrm{F}$$

中（91 不在 F 集中），由质数因数判定公式 $CLZY\Delta$（$N.y$），可知其是合数，且有

$$5555555551=7\times13\times131\times227\times2053。$$

（6）由 6666666661=210×31746031+151，可知其在数列

$$a_m=210m+151$$

中，m=31746031：由质数因数判定公式 $CLZY\Delta$（$N.y$），可知其是质数。

（7）由 7777777771=210×37037037+1，可知在数列

$$a_m=210m+1$$

中，m=37037037：由质数因数判定公式 $CLZY\Delta$（$N.y$），可知其是合数，且有

$$7777777771=499\times15586729。$$

（8）由 888888881=210×42328042+61，可知其在数列

$$a_m=210m+61$$

中，m=42328042：由质数因数判定公式 $CLZY\Delta$（$N.y$），可知其是质数。

（9）由 9999999991=210×47619047+121，可知在数列

$$a_m=210m+121$$

中，m=47619047：由质数因数判定公式 $CLZY\Delta$（$N.y$），可知其是合数，且有

$$9999999991=19\times19\times277\times100003。$$

例 3，判定下列各数的数性，是合数的分解成质因数相乘。

（1）1111111113，（2）1111111115，（3）1111111117，

（4）1111111119，（5）1111111121。

解：

（1）1111111113：是合数，且 $1111111113=3\times7^3\times1079797$。

（2）1111111115：是合数，且 $1111111115=5\times449\times494927$。

（3）1111111117：是合数，且 $1111111117=23\times1069\times45191$。

（4）1111111119：是合数，且 $1111111119=3^2\times123456791$。

（5）1111111121：是质数。

例 4，判定下列各数的数性，是合数的分解成质因数相乘。

（1）10000000001，（2）10000000003，（3） 10000000005，

（4）10000000007，（5）10000000009，（6） 10000000011，

（7）10000000021，（8）10000000031，（9）10000000041，

（10）10000000051，（11）10000000061，（12）10000000071，

（13）10000000081，（14）10000000091。

解：

（1）10000000001：是合数，且 10000000001=101×3541×27961。

（2）10000000003：是合数，且 10000000003=7×1428571429。

（3）10000000005：是合数，且 10000000005=3×5×666666667。

（4）10000000007：是合数，且 10000000007=23×2293×189613。

（5）10000000009：是合数，且 10000000009=33889×295081。

（6）10000000011：是合数，且 10000000011=3×191×17452007。

（7）10000000021：是合数，且 10000000021=11×909090911。

（8）10000000031：是质数。

（9）10000000041：是合数，且 10000000041=3×71×79×594283。

（10）10000000051：是合数，且 10000000051=311×32154341。

（11）10000000061：是质数。

（12）10000000071：是合数，且 10000000071=3^4×123456791。

（13）10000000081：是合数，且 10000000081=29×41×8410429。

（14）10000000091：是合数，且 10000000091=53×619×304813。

例 5，判定下列各数的数性，是合数的分解成质因数相乘。

（1）10000000101，（2）10000000111，（3）20000000111，

（4）30000000111，（5）50000000111，（6）70000000111。

解：

（1）10000000101：是合数，且 10000000101=3×7×13×37×990001。

（2）10000000111：是合数，且 10000000111=67×149253733。

（3）20000000111：是合数，且 20000000111=7×13×317×809×857。

（4）30000000111：是合数，且 30000000111=3×103×137×708667。

（5）50000000111：是合数，且 50000000111=59×431×1966259。

（6）70000000111：是质数。

例 6，判定下列各数的数性，是合数的分解成质因数相乘。

（1）100000000001，（2） 1111111111111。

解：

（1）100000000001：是合数，且 100000000001=11^2×23×35932447。

（2）1111111111111：是合数，且 1111111111111=53×79×265371653。

下面介绍用自然数的质数因数判定公式 *CLZY*Δ（*N*. *y*），求孪生质数的方法。

求孪生质数，常用到下面孪生质数的性质：

性质 1.2.1，若两数 $A\pm1$ 为孪生质数，则 $(A-1)$ 的个位数必为 1.7.9 三者之一。

性质 1.1.2，若 $A\pm1$ 为大于 7 孪生质数，则存在 m 和 p，使得

$$A\pm1=6(35m+\mathrm{p})\pm1,\ m\geqslant0$$

其中 p ∈ {2，3，5，7，10，12，17，18，23，25，28，30，32，33，35。}

求孪生质数的方法很多，下面介绍两种常用方法。

方法一，先求出全部质数，再依“一对相邻奇数为质数就是一个孪生质数”，求出全部孪生质数，这是最基本的方法。

依性质 1.2.1，若两数 $A\pm1$ 为孪生质数，则 $(A-1)$ 的个位数必为 1.7.9 三者之一，只需先判定个位数为 1.7.9 的三种数是否为质数，若为质数再看其 $(A+1)$ 是否也为质数，至此可求出孪生质数。

方法二，用大于 7 的孪生质数 $A\pm1$ 所在公式，

$$A\pm1=6(35m+\mathrm{p})\pm1,\ m\geqslant0$$

其中 p ∈ {2，3，5，7，10，12，17，18，23，25，28，30，32，33，35}。求出其中 15 个公式中的孪生质数。

不管用何种方法，都必须判定是否为质数，而解决此问题，本书给出了两种方法，即用奇合数判定公式或自然教数质数因数判定公式 *CLZY*∆（*N*. *x*）。

例 1，求区间［200000，200500］内的孪生质数。

解：

当 *N*=200001，200007，200009 时，*N*=200009，为质数，而 *N*=200011 为非质数。

当 *N*=200021，200027，200029 时，*N*=200029 为质数，而 *N*=200031 为非质数。

当 *N*=200031，200037，200039 时，都是非质数。

当 *N*=200041，200047，200049 时，*N*=200041 为质数，而 *N*=200043 是非质数。

当 *N*=200051，200057，200059 时，都是非质数。

当 *N*=200061，200067，200069 时，都是非质数。

当 *N*=200071，200077，200079 时，都是非质数。

当 *N*=200081，200087，200089 时，*N*=200087 为质数，但 *N*=200089 为非质数。

当 *N*=200091，200097，200099 时，都是非质数。

当 *N*=200101，200107，200109 时，都是非质数。

当 *N*=200111，200117，200119 时，*N*=200117 为质数，但 *N*=200119 为非质数。

当 *N*=200121，200127，200129 时，都是非质数。

当 *N*=200131，200137，200139 时，*N*=200131 为质数，但 *N*=200133 为非质数。

当 *N*=200141，200147，200149 时，都是非质数。

当 *N*=200151，200157，200159 时，*N*=200159 为质数，但 *N*=200161 为非质数。

当 N=200161，200167，200169 时，都是非质数。

当 N=200171，200177，200179 时，N=200171 为质数，但 N=200173 为非质数：N=200177 为质数，N=200179 非质数。

当 N=200181，200187，200189 时，都是非质数。

当 N=200191，200197，200199 时，都是非质数。

当 N=200201，200207，200209 时，N=200201 为质数，但 N=200203 为非质数。

当 N=200211，200217，200219 时，都是非质数。

当 N=200221，200227，200229 时，都是非质数。

当 N=200231，200237，200239 时，N=200231，200237 为质数，但 N=200233，200239 为非质数。

当 N=200241，200247，200249 时，N=200247 都是非质数。

当 N=200251，200257，200259 时，N=200257 为质数，但 N=200259 为非质数。

当 N=200261，200267，200269 时，都是非质数。

当 N=200271，200277，200279 时，都是非质数。

当 N=200281，200287，200289 时，都是非质数。

当 N=200291，200297，200299 时，N=200297 为质数，但 N=200299 为非质数。

当 N=200311，200317，200319 时，都是非质数。

当 N=200321，200327，200329 时，N=200329 为质数，而 N=200331 是非质数。

当 N=200331，200337，200339 时，都是非质数。

当 N=200341，200347，200349 时，N=200341 为质数，但 N=200343，为非质数。

当 N=200351，200357，200359 时，N=200351，200357 为质数，但 N=200353，

200359 为非质数。

当 N=200361，200367，200369 时，都是非质数。

当 N=200371，200377，200379 时，N=200371 为质数，但 N=200373 为非质数。

当 N=200381，200387，200389 时，N=200381，且 200383 为质数，故得到一对孪生质数 200381，200383。

当 N=200391，200397，200399 时，都是非质数。

当 N=200401，200407，200409 时，N=200401，200407 为质数，而 200403，200409 为非质数。

当 N=200411，200417，200419 时，都是非质数。

当 N=200421，200427，200429 时，都是非质数。

当 N=200431，200437，200439 时，N=200437，为质数，而 200439 为非质数。

当 N=200441，200447，200449 时，都是非质数。

当 N=200451，200457，200459 时，都是非质数。

当 N=200461，200467，200469 时，N=200461，200467 为质数，而 200463，200469 为非质数。

当 N=200471，200477，200479 时，都是非质数。

当 N=200481，200487，200489 时，都是非质数。

当 N=200491，200497，200499 时，都是非质数。

故区间［200000，200500］内的孪生质数只有一对：

200381，200383

例 2，求区间［9006000，9007000］内的孪生质数，

（1）求公式 $210m+12\pm1$ 中的孪生质数

由 $9006000 \leqslant 210m+11 \leqslant 9007000$ 求出

$$42886 \leqslant m \leqslant 42891。$$

$210\times42886+11=9006071$，是质数，而 9006073 是非质数。

210×42887+11=9006281，非质数。

210×42888+11=9006491，非质数。

210×42889+11=9006701，非质数。

210×42890+11=9006911，非质数。

故公式 $210m+12\pm1$ 在此区间内无孪生质数。

（2）求公式 $210m+18\pm1$ 中的孪生质数

由 $9006000 \leqslant 210m+17 \leqslant 9007000$ 求出

$$42886 \leqslant m \leqslant 42891。$$

210×42886+17=9006077，是质数，而 9006079 是非质数。

210×42887+17=9006287，非质数。

210×42888+11=9006497，非质数。

210×42889+11=9006707，质数，而 9006709 是非质数。

210×42890+11=9006917，质数，而 9006919 也是质数。

故公式 $210m+18\pm1$ 在此区间内有 1 对孪生质数。

（9006917，9006919）。

（3）求公式 $210m+30\pm1$ 中的孪生质数

由 $9006000 \leqslant 210m+29 \leqslant 9007000$ 求出

$$42886 \leqslant m \leqslant 42891。$$

210×42886+29=9006089，是非质数。

210×42887+29=9006299，质数，而 9006301 是非质数。

210×42888+29=9006509，质数，而 9006511 是非质数。

210×42889+29=9006719，是非质数。

210×42890+29=9006929，质数，而 9006931 是非质数。

故公式 $210m+30\pm1$ 在此区间无孪生质数。

（4）求公式 $210m+42\pm1$ 中的孪生质数

由 $9006000 \leqslant 210m+41 \leqslant 9007000$ 求出

$$42886 \leqslant m \leqslant 42891。$$

210×42886+41=9006101，是非质数。

210×42887+41=9006311，是非质数。

210×42888+41=9006521，是非质数。

210×42889+41=9006731，是非质数。

210×42890+41=9006941，是非质数。

故公式 210m+42±1 在此区间无孪生质数。

（5）求公式 210m+60±1 中的孪生质数

由 9006000 ⩽ 210m+59 ⩽ 9007000 求出

$$42886 \leqslant m \leqslant 42891。$$

210×42886+59=9006119，是非质数。

210×42887+59=9006329，是非质数。

210×42888+59=9006539，是非质数。

210×42889+59=9006749，是质数，而 9006751 是非质数。

210×42890+59=9006959，是非质数。

故公式 210m+60±1 在此区间无孪生质数。

（6）求公式 210m+72±1 中的孪生质数

由 9006000 ⩽ 210m+71 ⩽ 9007000 求出

$$42886 \leqslant m \leqslant 42891。$$

210×42886+71=9006131，是非质数。

210×42887+71=9006341，是非质数。

210×42888+71=9006551，是非质数。

210×42889+71=9006761，是质数。而 9006763 是非质数。

210×42890+71=9006971，是质数。而 9006973 也是质数。

故公式 210m+72±1 在此区间有 1 对孪生质数。

（9006971，9006973）。

（7）求公式 $210m+102\pm1$ 中的孪生质数

由 $9006000\leqslant210m+101\leqslant9007000$ 求出

$$42886\leqslant m\leqslant42889。$$

210×42886+101=9006161，是非质数。

210×42887+101=9006371，是非质数。

210×42888+101=9006581，是质数。而 9006583 是非质数。

210×42889+101=9006791，是非质数。

故公式 $210m+102\pm1$ 在此区间无孪生质数。

（8）求公式 $210m+108\pm1$ 中的孪生质数

由 $9006000\leqslant210m+107\leqslant9007000$ 求出

$$42886\leqslant m\leqslant42889。$$

210×42886+107=9006167，是非质数。

210×42887+107=9006377，是质数。而 9006379 是非质数。

210×42888+107=9006587，是质数。而 9006589 是非质数。

210×42889+107=9006797，是质数。而 9006799 是非质数。

故公式 $210m+108\pm1$ 在此区间无孪生质数。

（9）求公式 $210m+138\pm1$ 中的孪生质数

由 $9006000\leqslant210m+137\leqslant9007000$ 求出

$$42886\leqslant m\leqslant42889。$$

210×42886+137=9006197，是质数，而 9006199 也是质数。

210×42887+137=9006407，是非质数。

210×42888+137=9006617，是非质数。

210×42889+137=9006827，是非质数。

故公式 $210m+138\pm1$ 在此区间有一对孪生质数。

（9006197，9006199）。

（10）求公式 $210m+150\pm1$ 中的孪生质数

由 $9006000 \leqslant 210m+149 \leqslant 9007000$ 求出

$$42886 \leqslant m \leqslant 42889。$$

$210\times42886+149=9006209$，是非质数。

$210\times42887+149=9006419$，是质数，而 9006421 是非质数。

$210\times42888+149=9006629$，是非质数。

$210\times42889+149=9006839$，是非质数。

故公式 $210m+150\pm1$ 在此区间无孪生质数。

（11）求公式 $210m+168\pm1$ 中的孪生质数

由 $9006000 \leqslant 210m+167 \leqslant 9007000$ 求出

$$42885 \leqslant m \leqslant 42889。$$

$210\times42885+167=9006017$，是非质数。

$210\times42886+167=9006227$，是非质数。

$210\times42887+167=9006437$，是非质数。

$210\times42888+167=9006647$，是非质数。

$210\times42889+167=9006857$，是非质数。

故公式 $210m+150\pm1$ 在此区间无孪生质数。

（12）求公式 $210m+180\pm1$ 中的孪生质数

由 $9006000 \leqslant 210m+179 \leqslant 9007000$ 求出

$$42885 \leqslant m \leqslant 42889。$$

$210\times42885+179=9006029$，是非质数。

$210\times42886+179=9006239$，是非质数。

$210\times42887+179=9006449$，是非质数。

$210\times42888+179=9006659$，是质数，而 9006661 是非质数。

$210\times42889+179=9006869$，是非质数。

故公式 $210m+180\pm1$ 在此区间无孪生质数。

（13）求公式 210m+192±1 中的孪生质数

由 9006000 ≤ 210m+191 ≤ 9007000 求出

$$42885 \leqslant m \leqslant 42889。$$

210×42885+191=9006041，是非质数

210×42886+191=9006251，是非质数。

210×42887+191=9006461，是非质数。

210×42888+191=9006671，是质数，而 9006673 是非质数。

210×42889+191=9006881，是非质数。

故公式 210m+192±1 在此区间无孪生质数。

（14）求公式 210m+198±1 中的孪生质数

由 9006000 ≤ 210m+197 ≤ 9007000 求出

$$42885 \leqslant m \leqslant 42889。$$

210×42885+197=9006047，是非质数。

210×42886+197=9006257，是非质数。

210×42887+197=9006467，是非质数。

210×42888+197=9006677，是质数。而 9006679 是非质数。

210×42889+197=9006887，是非质数。

故公式 210m+197±1 在此区间无孪生质数。

（15）求公式 210m+210±1 中的孪生质数

由 9006000 ≤ 210m+209 ≤ 9007000 求出

$$42886 \leqslant m \leqslant 42889。$$

210×42885+209=9006059，是非质数。

210×42886+209=9006269，是非质数。

210×42887+209=9006479，是非质数。

210×42888+209=9006689，是非质数。

210×42889+209=9006899，是非质数。

故公式 $210m+210\pm1$ 在此区间无孪生质数。

故区间［9006000，9007000］内有三对孪生质数：

（9006197，9006199），（9006917，9006919），（9006971，9006973）。

仿上述方法，可以求出大于 7 的十五类拟孪生质数中的孪生质数，请看后面的孪生质数分类表。

7 孪生质数分类表

制表原理： 依定理 1.1.2，除了 4±1 和 6±1 两个孪生质数，大于 7 的孪生质数分布在十五类等差数列对 $210m+6p\pm1$ 中，其中

p=2，3，5，7，10，12，17，18，23，25，27，30，32，33，35。

质数的判定，用定理 5.1.1，即本书创建的奇合数公式；或用定理 5.2.1，即本书创建的自然数质数因数判定公式 *CLZY*Δ（*N.y*）。

在网上只能查到 200000 以内的孪生质数表。用本书创建的求孪生质数的方法，理论上可求出任意大的孪生质数。用普通计算机输入奇合数公式或质数因数判定公式 *CLZY*Δ（*N.y*），可以很快求出十位数以内的孪生质数，现附上求出的在区间 [1900000，230000] 以内的孪生质数，供读者参考。明确告诉读者，若要发现更大的孪生质数，就在十五个等差数列对 $210m+6p\pm1$ 中找。

记住定理 3.4.3：任意两个相邻奇数的平方数之间，最少有两个孪生质数。因此，没有最大的孪生质数，只有更大的孪生质数！

§7.1 数列对 $210m+12\pm1$ 中的孪生质数

制表原理：依定理 5.3.1，对于非负整数 m，$210m+12\pm1$ 为一对孪生质数的充要条件是数

$$36(35m+2)^2-1$$

为两个质因数之积，此两质因数即为一对孪生质数。

由

$$36(35m+2)^2-1=(210m+11)(210m+13),$$

可知，这两个质因数就是数列对 $210m+12\pm1$ 中的孪生质数。

依定理 5.3.1，求得数列对 $210m+12\pm1$ 中的孪生质数：

12±1，432±1，642±1，1062±1，1482±1，2112±1，3372±1，3582±1，4002±1，4422±1，9042±1，9462±1，10092±1，10302±1，11352±1，12612±1，2822±1，14082±1，15972±1，18912±1，19542±1，19752±1，9962±1，21012±1，22272±1，22482±1，23742±1，24372±1，26262±1，26682±1，26892±1，27942±1，28572±1，31512±1，31722±1，32142±1，32562±1，34032±1，35082±1，36342±1，37812±1，38652±1，42222±1，42642±1， 44532±1，48312±1，48732±1，49992±1，54402±1，55662±1，56502±1，56712±1，56922±1，58392±1，58602±1，59022±1，59442±1，61332±1， 67212±1，70572±1，71412±1，72252±1，72672±1，75402±1，76872±1，77712±1，79812±1，80232±1，81282±1，81702±1，84222±1，86112±1，86532±1，88002±1，91152±1，91572±1，93252±1，96822±1，98712±1，

99132±1，100392±1，102912±1，

…

区间 [1900000，230000] 以内的孪生质数

191532±1，192582±1，194682±1，195732±1，196992±1，

198462±1，199932±1，201402±1，201822±1，208962±1，

211062±1，211692±1，214212±1，217362±1，220512±1，

220932±1，223242±1，225342±1，227232±1，227652±1，

228912±1，229752±1， 229962±1。

寻找数列对 $210m+12\pm1$ 中的大孪生质数

数列对 $210m+12\pm1$ 中，当

$$m=47688$$

时，得 8 位数的孪生质数：

$$10014492\pm1。$$

记住定理 3.4.3，任意两个相邻奇数的平方数之间，最少有两个孪生质数。因此，没有最大的孪生质数，只有更大的孪生质数！

§7.2 数列对 $210m+18\pm1$ 中的孪生质数

制表原理：依定理 5.3.2，对于非负整数 m，$210m+18\pm1$ 为一对孪生质数的充要条件是数

$$36(35m+3)^2-1$$

为两个质因数之积，此两质因数即为一对孪生质数。

由

$$36(35m+3)^2-1=(210m+17)(210m+19),$$

可知，这两个质因数就是数列对 $210m+18\pm1$ 中的孪生质数。

依定理 5.3.2，求得数列对 $210m+18\pm1$ 中的孪生质数：

18±1，228±1，858±1，1278±1，1488±1，1698±1，3168±1，4218±1，4638±1，5478±1，6948±1，8628±1，8838±1，9678±1，10938±1，11778±1，13878±1，15138±1，16188±1，17028±1，17658±1，18288±1，18918±1，20808±1，21018±1，21648±1，22278±1，22698±1，23538±1，27108±1，27528±1，27738±1，29208±1，30468±1，25848±1，27108±1，27528±1，29208±1，30468±1，31728±1，33618±1，33828±1，35508±1，38238±1，38448±1，40128±1，41178±1，41388±1，42018±1，45588±1，47058±1，49368±1，49788±1，53148±1，57348±1，57558±1，60918±1，63648±1，63858±1，65538±1，67218±1，67428±1，68898±1，69738±1，70998±1，72468±1，75618±1，78138±1，78978±1，79398±1，80448±1，82758±1，84858±1，87588±1，89898±1，90528±1，91368±1，93888±1，94308±1，95988±1，

98298±1， 98928±1，99138±1，99348±1，102078±1，

…

位于区间 [190000，230000] 内的孪生质数

191748±1，194268±1，195738±1，198258±1，200988±1，

201828±1，205398±1，208758±1，214008±1，215688±1，

216318±1，217368±1，217578±1，218418±1，218628±1，

219678±1，221988±1，222198±1，225348±1，225768±1，

226818±1，229548±1，230388±1。

寻找数列对 $210m+18\pm1$ 中的大孪生质数

数列对 $210m+18\pm1$ 中，当

$$m=100042$$

时，得 8 位数的孪生质数：

$$21008838\pm1。$$

记住定理 3.4.3，任意两个相邻奇数的平方数之间，最少有两个孪生质数。因此，没有最大的孪生质数，只有更大的孪生质数！

§7.3 数列对 $210m+30\pm1$ 中的孪生质数

制表原理：依定理 5. 3. 3 对于非负整数 m，$210m+30\pm1$ 为一对孪生质数的充要条件是数

$$36(35m+5)^2-1$$

为两个质因数之积，此两质因数即为一对孪生质数。

由

$$36(35m+5)^2-1=(210m+29)(210m+31),$$

可知，这两个质因数就是数列对 $210m+30\pm1$ 中的孪生质数。

依定理 5. 3. 3，求得数列对 $210m+30\pm1$ 中的孪生质数：

30±1，240±1，660±1，1290±1，2130±1，2340±1，2550±1，2970±1，3390±1，4020±1，4230±1，4650±1，5280±1，6960±1，7590±1，8010±1，8220±1，8430±1，10530±1，11160±1，13680±1，15360±1，16830±1，19140±1，24180±1，26700±1，27540±1，27750±1，30270±1，34260±1，34470±1，35730±1，36780±1，37200±1，38460±1，38670±1，39510±1，41610±1，44130±1，45180±1，46440±1，47700±1，48120±1，48540±1，49170±1，51060±1，51480±1，54420±1，54630±1，55050±1，56100±1，59670±1，60090±1，61560±1，61980±1，62190±1，63030±1，64920±1，68280±1，68490±1，70380±1，72270±1，74160±1，75210±1，76260±1，78570±1，78780±1，80670±1，81930±1，82140±1，82350±1，82560±1，83400±1，84870±1，87180±1，89070±1，92220±1，92640±1，93480±1，94110±1，

94530±1，94950±1，95790±1，98730±1，99990±1，

…

位于区间［190000，230000］内的孪生质数

190710±1，191340±1，193860±1，194070±1，195540±1，

196170±1，198900±1，199740±1，201210±1，203310±1，

204360±1，206250±1，207510±1，207720±1，208140±1，

209820±1， 211500±1，222840±1，223050±1，223680±1，

225780±1，226200±1，228300±1，228510±1，229770±1，

229980±1。

寻找数列对 $210m+30\pm1$ 中的大孪生质数

数列对 $210m+30\pm1$ 中，当

$$m=100017$$

时，得 8 位数的孪生质数：

$$21003600\pm1。$$

记住定理 3.4.3，任意两个相邻奇数的平方数之间，最少有两个孪生质数。因此，没有最大的孪生质数，只有更大的孪生质数！

§7.4 数列对 $210m+42\pm1$ 中的孪生质数

制表原理：依定理 5.3.4 对于非负整数 m，$210m+42\pm1$ 为一对孪生质数的充要条件是数

$$36(35m+7)^2-1$$

为两个质因数之积，此两质因数即为一对孪生质数。

由

$$36(35m+7)^2-1=(210m+41)(210m+43),$$

可知，这两个质因数就是数列对 $210m+42\pm1$ 中的孪生质数。

依定理 5.3.4，求得数列对 $210m+42\pm1$ 中的孪生质数：

42±1，462±1，882±1，1092±1，1302±1，1722±1，1932±1，2142±1，4242±1，5502±1，6132±1，6552±1，6762±1，8232±1，8862±1，9282±1，10332±1，9282±1，11172±1，13692±1，13902±1，14322±1，15582±1，16632±1，17682±1，18312±1，18522±1，19992±1，22092±1，23562±1，25032±1，26712±1，28182±1，31122±1，3542±1，32802±1，35532±1，36792±1，40152±1，41202±1，41412±1，42462±1，44772±1，45822±1，47712±1，49392±1，50022±1，52542±1，53172±1，53592±1，54012±1，55902±1，56532±1，57792±1，59052±1，59472±1，60102±1，61152±1，64302±1，65982±1，68712±1，69762±1，70182±1，74382±1，75012±1，79632±1，79842±1，80472±1，80682±1，85092±1，85932±1，86352±1，88662±1，91812±1，92862±1，93282±1，93492±1，93702±1，93912±1，94542±1，

95802±1，96222±1，98322±1，102102±1，

…

位于区间［190000，230000］内的孪生质数

191142±1，191562±1，192192±1，192612±1，193872±1，

195342±1，195972±1，199752±1，200382±1，202062±1，

205212±1，205422±1，207522±1，208992±1，209202±1，

209622±1，211932±1，213612±1，214032±1，216552±1，

221172±1，223062±1，225162±1，225372±1，225582±1，

227052±1，227472±1，228522±1，228732±1，230202±1。

寻找数列对 $210m+42\pm1$ 中的大孪生质数

数列对 $210m+42\pm1$ 中，当

$$m=100014$$

时，得 8 位数的孪生质数：

$$21002982\pm1。$$

记住定理 3.4.3，任意两个相邻奇数的平方数之间，最少有两个孪生质数。因此，没有最大的孪生质数，只有更大的孪生质数！

§7.5 数列对 $210m+60\pm1$ 中的孪生质数

制表原理： 依定理 5.3.5. 对于非负整数 m，$210m+60\pm1$ 为一对孪生质数的充要条件是数

$$36(35m+10)^2-1$$

为两个质因数之积，此两质因数即为一对孪生质数。

由

$$36(35m+10)^2-1=(210m+59)(210m+61),$$

可知，这两个质因数就是数列对 $210m+60\pm1$ 中的孪生质数。

依定理 5.3.5，求得数列对 $210m+60\pm1$ 中的孪生质数：

60±1，270±1，1320±1，1950±1，2790±1，3000±1，4050±1，4260±1，5100±1，5520±1，6360±1，6570±1，6780±1，9720±1，9930±1，10140±1，12240±1，13710±1，14550±1，16230±1，16650±1，17490±1，17910±1，18120±1，18540±1，19380±1，20640±1，21060±1，22740±1，23370±1，24420±1，25470±1，26730±1，28410±1，28620±1，29670±1，29880±1，30090±1，31770±1，32190±1，32610±1，34500±1，37020±1，41850±1，42900±1，43320±1，46050±1，46680±1，48780±1，48990±1，49200±1，49410±1，50460±1，51720±1，53610±1，58230±1，58440±1，61380±1，63690±1，65580±1，69150±1，70200±1，70620±1，71880±1，72090±1，74610±1，76080±1，77550±1，79230±1，80490±1，80910±1，83220±1，83640±1，84060±1，86370±1，87630±1，88260±1，88470±1，89520±1，92460±1，

92670±1，94350±1，94560±1，95190±1，97500±1，

…

位于区间 [190000，230000] 内的孪生质数

192630±1，201450±1，202290±1，203340±1，203970±1，

204600±1，206280±1，206910±1，207330±1，208590±1，

216570±1，216780±1，217200±1，217410±1，218460±1，

221400±1，223920±1，224130±1，228960±1，229590±1，

231060±1。

寻找数列对 $210m+60\pm1$ 中的大孪生质数：

数列对 $210m+60\pm1$ 中，当

$$m=476190479$$

时，得 12 位数的孪生质数：

$$100000000650\pm1。$$

记住定理 3.4.3，任意两个相邻奇数的平方数之间，最少有两个孪生质数。因此，没有最大的孪生质数，只有更大的孪生质数！

§7.6 数列对 $210m+72\pm1$ 中的孪生质数

制表原理： 依定理 5. 3. 6，对于非负整数 m，$210m+72\pm1$ 为一对孪生质数的充要条件是数

$$36(35m+12)^2-1$$

为两个质因数之积，此两质因数即为一对孪生质数。

由

$$36(35m+12)^2-1=(210m+71)(210m+73),$$

可知，这两个质因数就是数列对 $210m+72\pm1$ 中的孪生质数。

依定理 5. 3. 6，求得数列对 $210m+72\pm1$ 中的孪生质数：

72±1，282±1，2382±1，2592±1，2802±1，3852±1，4272±1，4482±1，5742±1，6792±1，7212±1，11832±1，12042±1，12252±1，13722±1，13932±1，14562±1，16452±1，17292±1，17922±1，18132±1，19182±1，20022±1，20232±1，20442±1，21492±1，22542±1，22962±1，26112±1，26952±1，27582±1，27792±1，32412±1，32832±1，34302±1，34512±1，38712±1，38922±1，39342±1，41232±1，42072±1，42282±1，42702±1，43542±1，43962±1，44382±1，46272±1，47742±1，50052±1，50262±1，50892±1，52362±1，55932±1，57192±1，58452±1，60762±1，65172±1，66852±1，67272±1，68112±1，70002±1，70842±1，71262±1，71472±1，72102±1，73362±1，74202±1，74412±1，78192±1，81552±1，81972±1，82812±1，83232±1，85332±1，87012±1，87222±1，87642±1，90372±1，92682±1，

94152±1，97302±1，98562±1，101502±1，102762±1，

…

位于区间 [190000，230000] 内的孪生质数

191802±1，195162±1，197892±1，198942±1，199152±1，

202932±1，203352±1，203772±1，205032±1，205662±1，

206082±1，207342±1，207972±1，208392±1，210912±1，

214482±1，216372±1，217002±1，219312±1，219942±1，

221202±1，221412±1，221622±1，222042±1，222882±1，

225612±1，226452±1，230862±1。

寻找数列对 $210m+72\pm1$ 中的大孪生质数

数列对 $210m+72\pm1$ 中，当

$$m=4761905$$

时，得 10 位数的孪生质数：

$$1000000121\pm1。$$

记住定理3.4.3，任意两个相邻奇数的平方数之间，最少有两个孪生质数。因此，没有最大的孪生质数，只有更大的孪生质数！

§7.7 数列对 $210m+102\pm1$ 中的孪生质数

制表原理：依定理 5.3.7，对于非负整数 m，$210m+102\pm1$ 为一对孪生质数的充要条件是数

$$36(35m+17)^2-1$$

为两个质因数之积，此两质因数即为一对孪生质数。

由

$$36(35m+17)^2-1=(210m+101)(210m+103),$$

可知，这两个质因数就是数列对 $210m+102\pm1$ 中的孪生质数。

依定理 5.3.7，求得数列对 $210m+102\pm1$ 中的孪生质数：

102±1，312±1，522±1，1152±1，3252±1，3462±1，3672±1，4092±1，4722±1，4932±1，8292±1，9342±1，12072±1，14592±1，15642±1，16062±1，16692±1，16902±1，19212±1，19422±1，19842±1，21522±1，22572±1，23202±1，23832±1，25302±1，25932±1，28662±1，31182±1，31392±1，32442±1，33072±1，34962±1，35592±1，35802±1，36012±1，37692±1，39162±1，39372±1，43782±1，44202±1，44622±1，46092±1，47352±1，48822±1，49032±1，51132±1，51342±1，51972±1，52182±1，53232±1，55332±1，57222±1，63312±1，64152±1，64782±1，67932±1，69192±1，69402±1，71712±1，76542±1，76962±1，79692±1，79902±1，81372±1，84522±1，85362±1，87252±1，89562±1，90402±1，90822±1，93132±1，93762±1，95232±1，95442±1，101112±1，101532±1，

…

位于区间 [190000，230000] 的孪生质数

191832±1，192462±1，196662±1，197712±1，198552±1，

199602±1，199812±1，201492±1，202752±1，203382±1，

206952±1，208002±1，211152±1，211572±1，215142±1，

215352±1，215982±1，218082±1，219762±1，219972±1，

226902±1，227112±1，227532±1，232362±1。

寻找数列对 $210m+102\pm1$ 中的大孪生质数

数列对 $210m+102\pm1$ 中，当

$$m=13634803$$

时，得 10 位数的孪生质数：

$$2863308732\pm1。$$

记住定理3.4.3，任意两个相邻奇数的平方数之间，最少有两个孪生质数。因此，没有最大的孪生质数，只有更大的孪生质数！

§7.8 数列对 $210m+108\pm1$ 中的孪生质数

制表原理： 依定理 5.3.8，对于非负整数 m，$210m+108\pm1$ 为一对孪生质数的充要条件是数

$$36(35m+18)^2-1$$

为两个质因数之积，此两质因数即为一对孪生质数。

由

$$36(35m+18)^2-1=(210m+107)(210m+109),$$

可知，这两个质因数就是数列对 $210m+108\pm1$ 中的孪生质数。

依定理 5.3.8，求得数列对 $210m+108\pm1$ 中的孪生质数：

108±1，1788±1，1998±1，3258±1，3468±1，4518±1，6198±1，6828±1，7458±1，7878±1，8088±1，9768±1，12918±1，13338±1，13758±1，14388±1，15648±1，16068±1，17748±1，17958±1，19428±1，20478±1，20898±1，21318±1，21738±1，22158±1，22368±1，23628±1，25308±1，27408±1，30138±1，30558±1，32028±1，33288±1，34128±1，34758±1，38328±1，38748±1，40428±1，40638±1，40848±1，43578±1，43788±1，46308±1，47148±1，47778±1，48408±1，49668±1，51348±1，51768±1，54498±1，54918±1，55338±1，56598±1，56808±1，58908±1，60168±1，64578±1， 64578±1，65838±1，69828±1，70458±1，70878±1，73608±1，75708±1，78438±1，79698±1，80748±1，82008±1，82218±1，83268±1，84318±1，86628±1，90198±1，90618±1，91458±1，93558±1，94398±1，97548±1，

98388±1，98808±1，101118±1，101748±1，

…

位于区间 [190000，230000] 内的孪生质数

190368±1，190578±1，192888±1，193938±1，197298±1，

198348±1，200868±1，201498±1，202128±1，203808±1，

204438±1，204858±1，207798±1，209268±1，210318±1，

212208±1，214518±1，218718±1，219978±1，221658±1，

223338±1，223548±1，223758±1，228798±1，229638±1，

229848±1，231108±1。

寻找数列对 $210m+108\pm1$ 中的大孪生质数

数列对 $210m+108\pm1$ 中，当

$$m=13634803$$

时，得 10 位数的孪生质数：

$$2863308738\pm1。$$

记住定理 3.4.3，任意两个相邻奇数的平方数之间，最少有两个孪生质数。因此，没有最大的孪生质数，只有更大的孪生质数！

§7.9 数列对 $210m+138\pm1$ 中的孪生质数

制表原理：依定理 5.3.9，对于非负整数 m，$210m+138\pm1$ 为一对孪生质数的充要条件是数

$$36(35m+23)^2-1$$

为两个质因数之积，此两质因数即为一对孪生质数。

由

$$36(35m+23)^2-1=(210m+137)(210m+139),$$

可知，这两个质因数就是数列对 $210m+138\pm1$ 中的孪生质数。

依定理 5.3.9，求得数列对 $210m+138\pm1$ 中的孪生质数：

138±1，348±1，1608±1，2028±1，2238±1，2658±1，3918±1，
4128±1，4338±1，4548±1，4968±1，7488±1，8538±1，
10008±1，10428±1，11058±1，12108±1，13998±1，14628±1，
15888±1，17988±1，20508±1，20718±1，21558±1，28278±1，
31848±1，32058±1，34158±1，34368±1，35838±1，36468±1，
37308±1，38568±1，39828±1，40038±1，43398±1，43608±1，
44028±1，47388±1，47808±1，48648±1，48858±1，49278±1，
53268±1，53898±1，56208±1，59358±1，62298±1，62928±1，
64188±1，65028±1，65448±1，67758±1，69858±1，70488±1，
71328±1，72168±1，73848±1，76158±1，76368±1，77418±1，
78888±1，80148±1，80778±1，81198±1，82038±1，83718±1，
84348±1，84978±1，85818±1，86028±1，88338±1，89598±1，
90018±1，90438±1，92958±1，94008±1，94848±1，96738±1，

97158±1，97368±1，97578±1，97788±1，99258±1，100518±1，102198±1，102408±1，

…

位于区间 [190000，230000] 内的孪生质数

191448±1，192498±1，196278±1，197958±1，203208±1，203418±1，204888±1，207198±1，208458±1，209718±1，209928±1，212868±1，213288±1，215178±1，216648±1，217908±1，219798±1，222108±1，227568±1，228198±1，228618±1，229248±1，231348±1。

寻找数列对 $210m+138\pm1$ 中的大孪生质数

数列对 $210m+138\pm1$ 中，当

$$m=4762195$$

时，得 13 位数的孪生质数：

$$1000061088\pm1。$$

记住定理 3.4.3，任意两个相邻奇数的平方数之间，最少有两个孪生质数。因此，没有最大的孪生质数，只有更大的孪生质数！

§7.10 数列对 $210m+150\pm1$ 中的孪生质数

制表原理： 依定理 5.3.10. 对于非负整数 m，$210m+150\pm1$ 为一对孪生质数的充要条件是数

$$36(35m+25)^2-1$$

为两个质因数之积，此两质因数即为一对孪生质数。

由

$$36(35m+25)^2-1=(210m+149)(210m+151),$$

可知，这两个质因数就是数列对 $210m+150\pm1$ 中的孪生质数。

依定理 5.3.10，求得数列对 $210m+150\pm1$ 中的孪生质数：

150±1，570±1，1620±1，3300±1，3930±1，6450±1，6660±1，6870±1，8970±1，10860±1，11070±1，11490±1，11700±1，12540±1，14010±1，15270±1，17580±1，17790±1，19470±1，19890±1，22620±1，23040±1，23670±1，27240±1，29130±1，29760±1，30390±1，32910±1，33330±1，33750±1，34590±1，36900±1，39840±1，41520±1，42570±1，46350±1，46770±1，48870±1，49920±1，50130±1，50550±1，50970±1，52860±1，53280±1，54540±1，57270±1，57900±1，58110±1，61470±1，67140±1，68820±1，69030±1，70920±1，71340±1，71550±1，75540±1，82470±1，82890±1，85200±1，85620±1，85830±1，87510±1，87720±1，89820±1，91080±1，93810±1，94440±1，94650±1，96330±1，97170±1，97380±1，98010±1，98640±1，101160±1，102000±1，104310±1，105360±1，106620±1，

109140±1，110820±1，111030±1，111870±1，112290±1，

112920±1，113760±1，114600±1，115020±1，115860±1，

…

位于区间 [190000，230000] 内的孪生质数

191250±1，191460±1，191670±1，196500±1，197340±1，

197970±1，201120±1，203430±1，205950±1，208890±1，

210360±1，212670±1，214560±1，218550±1，218970±1，

220020±1，220860±1，221070±1，228420±1，230310±1。

寻找数列对 $210m+150\pm1$ 中的大孪生质数

数列对 $210m+150\pm1$ 中，当

$$m=100069$$

时，得 8 位数的孪生质数：

$$21014640\pm1。$$

记住定理3.4.3，任意两个相邻奇数的平方数之间，最少有两个孪生质数。因此，没有最大的孪生质数，只有更大的孪生质数！

§7.11 数列对 $210m+168\pm1$ 中的孪生质数

制表原理：依定理 5. 3. 11. 对于非负整数 m，$210m+168\pm1$ 为一对孪生质数的充要条件是数

$$36(35m+28)^2-1$$

为两个质因数之积，此两质因数即为一对孪生质数。

由

$$36(35m+28)^2-1=(210m+167)(210m+169),$$

可知，这两个质因数就是数列对 $210m+168\pm1$ 中的孪生质数。

依定理 5. 3. 11，求得数列对 $210m+168\pm1$ 中的孪生质数：

1428±1，2268±1，2688±1，3528±1，4158±1，4788±1，5418±1，7308±1，10038±1，10458±1，11718±1，13398±1，14448±1，14868±1，15288±1，17388±1，17598±1，19698±1，20748±1，21378±1，21588±1，22638±1，23058±1，23688±1，24108±1，25578±1，25998±1，28098±1，28308±1，29568±1，31248±1，32298±1，32718±1，33348±1，33768±1，35448±1，37338±1，37548±1，39228±1，40698±1，41958±1，44268±1，45318±1，47418±1，48678±1，49938±1，51198±1，51828±1，53088±1，53718±1，55818±1，56238±1，60648±1，63588±1，65268±1，66108±1，66948±1，67578±1，68208±1，69258±1，73038±1，74508±1，74718±1，77238±1，81018±1，81648±1，85428±1，90678±1，91098±1，92568±1，95088±1，97608±1，98868±1，100548±1，103068±1，

…

位于区间 [190000，230000] 内的孪生质数

192318±1，195048±1，197568±1，198828±1，199038±1，

200928±1，201768±1，203658±1，206178±1，208278±1，

208698±1，211218±1，213948±1，214788±1，217308±1，

217518±1，218988±1，219408±1，220878±1，221718±1，

222348±1，222978±1，225078±1，225288±1，226548±1，

233688±1。

寻找数列对 $210m+168\pm1$ 中的大孪生质数

数列对 $210m+168\pm1$ 中，当

$$m=100086$$

时，得 8 位数的孪生质数：

$$21018228\pm1。$$

记住定理 3.4.3，任意两个相邻奇数的平方数之间，最少有两个孪生质数。因此，没有最大的孪生质数，只有更大的孪生质数！

§7.12 数列对 $210m+180\pm1$ 中的孪生质数

制表原理： 依定理 5. 3. 12，对于非负整数 m，$210m+180\pm1$ 为一对孪生质数的充要条件是数

$$36(35m+30)^2-1$$

为两个质因数之积，此两质因数即为一对孪生质数。

由

$$36(35m+30)^2-1=(210m+179)(210m+181),$$

可知，这两个质因数就是数列对 $210m+180\pm1$ 中的孪生质数。

依定理 5. 3. 12，求得数列对 $210m+180\pm1$ 中的孪生质数：

180±1，600±1，810±1，1020±1，1230±1，3120±1，3330±1，3540±1，4800±1，5010±1，5640±1，5850±1，6270±1，6690±1，7950±1，9000±1，9420±1，9630±1，10890±1，11940±1，13830±1，14250±1，16140±1，16980±1，17190±1，19080±1，20550±1，21600±1，22860±1，23910±1，25170±1，25800±1，27060±1，27480±1，27690±1，28110±1，30840±1，32940±1，33150±1，36930±1，38610±1，39240±1，41760±1，42180±1，43650±1，44280±1，44700±1，45120±1，46590±1，48480±1，49530±1，49740±1，51420±1，55620±1，56040±1，60660±1，62130±1，62970±1，63390±1，63600±1，65700±1，66750±1，70950±1，73680±1，74100±1，74730±1，75990±1，76830±1，78510±1，79560±1，83340±1，84180±1，84390±1，84810±1，87120±1，87540±1，87960±1，88590±1，88800±1，92790±1，

99720±1，

…

位于区间 [190000，230000] 内的孪生质数

193380±1，197160±1，197370±1，198840±1，197160±1，

197370±1，198840±1，203460±1，204300±1，204510±1，

204930±1，206820±1，207240±1，208500±1，210600±1，

210810±1，211230±1，216900±1，220470±1，222150±1，

223830±1，227190±1，227610±1，230340±1，

寻找数列对 $210m+180\pm1$ 中的大孪生质数：

数列对 $210m+180\pm1$ 中，当

$$m=4761904807$$

时，得 13 位数的孪生质数：

$$1000000009650\pm1。$$

记住定理3.4.3，任意两个相邻奇数的平方数之间，最少有两个孪生质数。因此，没有最大的孪生质数，只有更大的孪生质数！

§7.13 数列对 $210m+192\pm1$ 中的孪生质数

制表原理： 依定理 5.3.13，对于非负整数 m，$210m+192\pm1$ 为一对孪生质数的充要条件是数

$$36(35m+32)^2-1$$

为两个质因数之积，此两质因数即为一对孪生质数。

由

$$36(35m+32)^2-1=(210m+191)(210m+193),$$

可知，这两个质因数就是数列对 $210m+192\pm1$ 中的孪生质数。

依定理 5.3.13，求得数列对 $210m+192\pm1$ 中的孪生质数：

192±1，822±1，1032±1，1452±1，1872±1，2082±1，2712±1，5022±1，5232±1，5442±1，5652±1，6702±1，7332±1，9012±1，9432±1，10272±1，12162±1，13002±1，15732±1，16362±1，18042±1，18252±1，20772±1，20982±1，21192±1，21612±1，25602±1，26862±1，27282±1，28752±1，30012±1，30852±1，32322±1，32532±1，34212±1，34842±1，35052±1，37362±1，37572±1，37782±1，37992±1，39042±1，41142±1，41982±1，45342±1，46182±1，49122±1，49332±1，50592±1，52902±1，54582±1，55632±1，56892±1，58152±1，62142±1，62982±1，64452±1，64662±1，69492±1，70122±1，72222±1，73062±1，76002±1，76422±1，77262±1，79152±1，80832±1，81042±1，82722±1，83562±1，85452±1，86292±1，88812±1，90072±1，92382±1，97002±1，97842±1，100152±1，100362±1，102252±1，

…

位于区间［190000，230000］内的孪生质数

192342±1，193182±1，193602±1，193812±1，194862±1，

196542±1，197382±1，198222±1，205992±1，206412±1，

207672±1，208512±1，208932±1，210192±1， 210402±1，

211662±1，211662±1，220902±1，221952±1，228882±1，

230562±1，

寻找数列对 210m+192±1 中的大孪生质数

数列对 210m+192±1 中，当

$$m=76185$$

时，得 8 位数的孪生质数：

$$15999042\pm1。$$

记住定理 3.4.3，任意两个相邻奇数的平方数之间，最少有两个孪生质数。因此，没有最大的孪生质数，只有更大的孪生质数！

§7.14 数列对 $210m+198\pm1$ 中的孪生质数

制表原理：依定理 5.3.14，对于非负整数 m，$210m+198\pm1$ 为一对孪生质数的充要条件是数

$$36(35m+33)^2-1$$

为两个质因数之积，此两质因数即为一对孪生质数。

由

$$36(35m+32)^2-1=(210m+197)(210m+199),$$

可知，这两个质因数就是数列对 $210m+198\pm1$ 中的孪生质数。

依定理 5.3.14，求得数列对 $210m+198\pm1$ 中的孪生质数：

198±1，618±1，828±1，1668±1，1878±1，2088±1，3558±1，3768±1，5658±1，5868±1，7128±1，7548±1，7758±1，8388±1，8598±1，9438±1，9858±1，10068±1，11118±1，12378±1，13008±1，13218±1，15738±1，17208±1，17418±1，17838±1，18048±1，20148±1，20358±1，24978±1，27918±1，28548±1，29388±1，32118±1，33588±1，34848±1，35898±1，36108±1，36528±1，44088±1，45138±1，46818±1，47658±1，49548±1，51438±1，52068±1，55218±1，56268±1，56478±1，57528±1，58368±1，58788±1，59208±1，59418±1，59628±1，60258±1，60888±1，62988±1，63198±1，64878±1，65718±1，65928±1，67188±1，68448±1，69498±1，71388±1，71808±1，72228±1，72648±1，75168±1，77268±1，77478±1，77688±1，79998±1，80208±1，80628±1，81048±1，82728±1，85668±1，86928±1，

87558±1，88608±1，88818±1，89658±1，91128±1，

…

位于区间 [190000，230000] 内的孪生质数

190668±1，191298±1，191508±1，192978±1，194868±1，

195918±1，197598±1，198438±1，198648±1，199488±1，

202638±1，209358±1，209568±1，211878±1，216918±1，

217338±1，219018±1，219648±1，221538±1，223008±1，

223218±1，225528±1，227628±1，229938±1，

寻找数列对 $210m+198\pm1$ 中的大孪生质数

数列对 $210m+198\pm1$ 中，当

$$m=100087$$

时，得 8 位数的孪生质数：

$$21018468\pm1。$$

记住定理 3.4.3，任意两个相邻奇数的平方数之间，最少有两个孪生质数。因此，没有最大的孪生质数，只有更大的孪生质数！

§7.15 数列对 $210m+210\pm1$ 中的孪生质数

制表原理：依定理 5.3.15，对于非负整数 m，$210m+210\pm1$ 为一对孪生质数的充要条件是数

$$36(35m+35)^2-1$$

为两个质因数之积，此两质因数即为一对孪生质数。

由

$$36(35m+35)^2-1=(210m+209)(210m+211),$$

可知，这两个质因数就是数列对 $210m+210\pm1$ 中的孪生质数。

依定理 5.3.15，求得数列对 $210m+198\pm1$ 中的孪生质数：

420±1，1050±1，2310±1，2730±1，3360±1，5880±1，6090±1，6300±1，7350±1，7560±1，8820±1，9240±1，10500±1，10710±1，11550±1，11970±1，15330±1，18060±1，21840±1，25410±1，26250±1，26880±1，28350±1，29400±1，30870±1，31080±1，32970±1，33180±1，33600±1，33810±1，34650±1，35280±1，37590±1，40530±1，42840±1，43050±1，43890±1，46830±1，51240±1，51870±1，52290±1，52710±1，53550±1，55440±1，56910±1，57330±1，58170±1，59010±1，59220±1，60900±1，63420±1，63840±1，65100±1，65520±1，65730±1，66360±1，66570±1，67410±1，68880±1，69930±1，70980±1，72870±1，74760±1，75390±1，76650±1，77490±1，78540±1，81900±1，82530±1，84630±1，87150±1，89670±1，91140±1，92400±1，93240±1，96180±1，97650±1，97860±1，98910±1，

99120±1，100800±1，102060±1，

…

位于区间［190000，230000］内的孪生质数

190890±1，195930±1，196770±1，199500±1，203910±1，

204330±1，204750±1，206640±1，207480±1，209580±1，

211050±1，211890±1，213360±1， 215460±1，217560±1，

217980±1，223440±1，224070±1，224910±1，225750±1，

226380±1，230100±1，

寻找数列对 210(*m*+1)±1 中的大孪生质数

数列对 210(*m*+1)±1 中，当

$$m=11039456$$

时，得 10 位数孪生质数：

$$2318285970\pm1。$$

1977 年发现的大孪生质数

$$1159142985\times2^{2304}\pm1,$$

是 210(*m*+1)±1 中

$$m=(11039457\times2^{2303}-1)$$

的孪生质数。

1983 年发现的大孪生质数

$$520995090\times2^{6624}\pm1,$$

是 210(*m*+1)±1 中

$$m=(4961858\times2^{6623}-1)$$

的孪生质数。

1990 年发现的大孪生质数

$$571305\times2^{7701}\pm1,$$

是 $210(m+1)\pm1$ 中

$$m=(5441\times2^{2700}-1)$$

的孪生质数。

2013 年，数学家张益唐，在北京作学术报告中说的一个孪生质数

$$2003663613\times2195000\pm1,$$

是 $210(m+1)\pm1$ 中

$$m=95412553\times219500-1$$

的孪生质数。

记住定理 3.4.3，任意两个相邻奇数的平方数之间，最少有两个孪生质数。因此，没有最大的孪生质数，只有更大的孪生质数！

参考文献

[1] 刘佛清 . 自然数的质数判定，合数分解与孪生质数分布 [M]. 西安：西安地图出版社，2019.

[2] 刘佛清 . 数列方法与技巧 [M]. 武汉：华中科技大学出版社，1997.

[3] 洪伯阳 . 数学宝山上的明珠 [M]. 武汉：湖北科学技术出版社，1993.